U0051886

Handmade Flowers from Fabric

我的第一朵手作布花

呂宥臻——著

上漿技巧大公開！

一起來作40款76朵
讓你眼睛為之一亮的布花

Preface

作者序

花；賞心悅目可以使人們心靈昇華，享受溫暖心境，令人懷念的花卉，可將它作成「布花」永遠保存紀念久久。

花；亦可彰顯個人高貴的氣質、瀟灑的感覺，使人們享受無窮的心靈樂趣，當小心翼翼完成每一樣鍾愛的布花作品，心情尤甚歡喜。

在此之前從沒想過出版一本與布花相關的書，雖然取得日本CRFA緞帶花協會二級講師鑑定認證十多年，卻從未真正付諸行動，僅止於工作閒暇之餘潛心研作布花，作為紓解壓力的一項興趣，多年前偶然的機緣而成立「宥宏布花」受到網友們普遍愛戴與肯定。而後由於雅書堂的誠摯邀約，一次次的鼓勵與指導，終於在戒懼謹慎中付諸行動 ——「出書」，這一切有如「寶寶」出世，內含感動、喜悅，真是要感謝蘇真及蘇筠小姐的安胎與護胎，《我的第一朵手作布花》於焉誕生。

藉此《我的第一朵手作布花》的出版，讓您學習擁有布花藝術層次與境界的快樂，愛到不忍放手。

再次感謝雅書堂編輯、攝影、設計全體製作群，大家辛苦囉！最後最重要的是，期待您也熱烈喜歡《我的第一朵手作布花》。

呂宥臻

宥宏布花拍賣 http://class.ruten.com.tw/user/index00.php?s=yoho_flower
信箱 ddn12342000@yahoo.com.tw

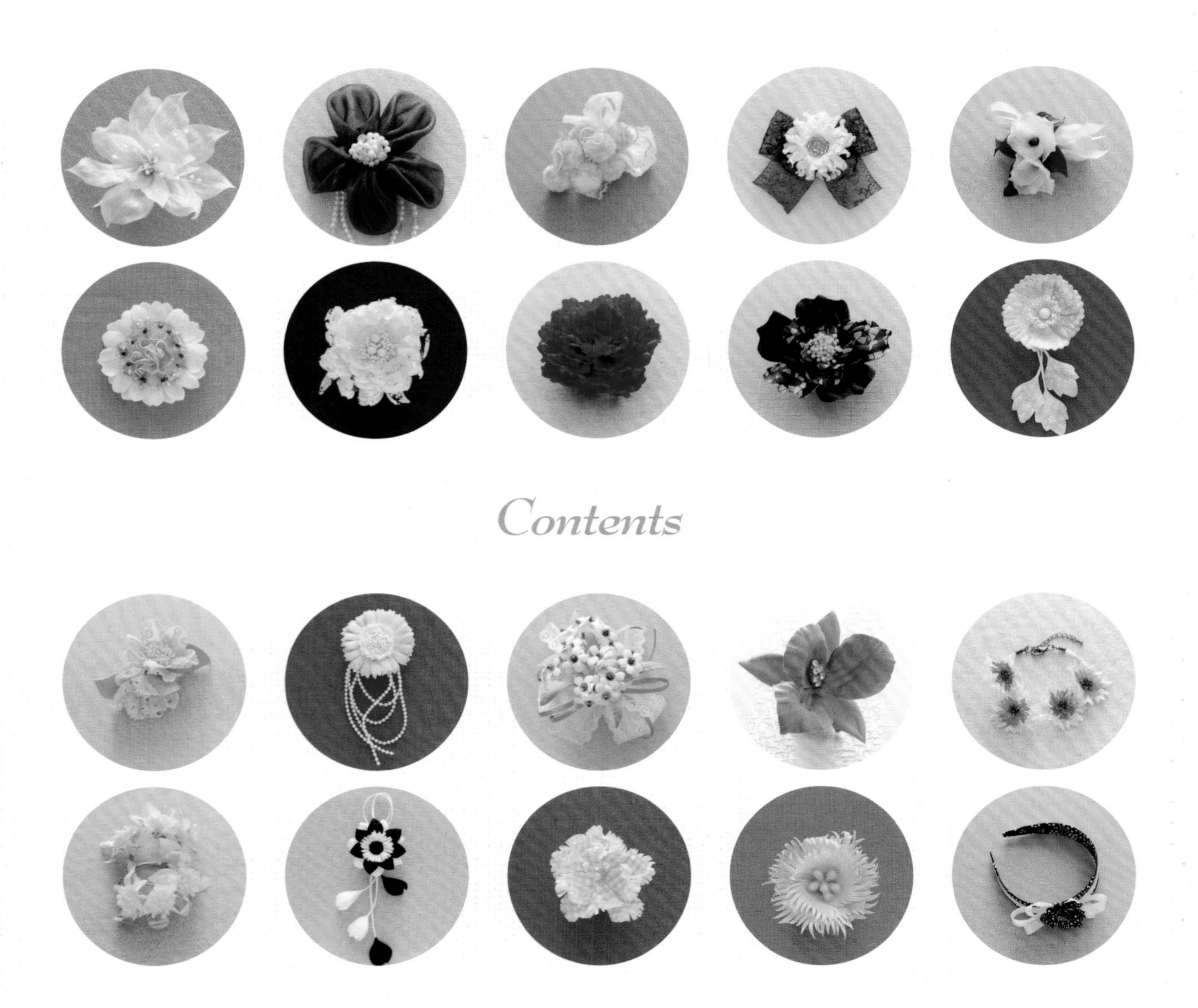

Contents

Contents

Visual Dresentation

Handmade Flowers from Fabric

進 入 布 花 的 視 覺 饗 宴

01 風之精靈

柔美的紗呈現出透明感，
微風吹來，
珠飾的律動宛如精靈們撥動玩耍著。

作法P.78

02

海 洋 之 星

紫色中透出藍色光影，
中性又帶有幾分神祕色彩，
利用紗質的通透性，
猶如陽光照射海洋般
呈現出不同色彩。

作法P. 80

03 松 果 小 物

一顆顆沉甸甸的果實，
以雙色搭配不僅代表著光影
更能顯出其活潑性。

作法P.82

04 天使之約

黑與白的強烈對比表現出一種堅決的約定，
又有著清新脫俗的品味。

作法P.84　紙型P.157

05
幸福花嫁

當教堂的鐘聲響起，
營造出幸福的氛圍，
戴上永不變心的桔梗花，
正是我對你的誓言！

作法P.86　紙型P.157

06 ／ 繁 星

在夏日的夜空中
勾勒出繁星點點，
此時的向日葵是否
只等待著阿波羅出現。

作法P.88　紙型P.158

07

古典蕾絲

層層堆疊出羽毛狀，
復古及夢幻般的素雅風格，
產生出唯美浪漫的憧憬。

作法P.89　紙型P.159

08 狂舞探戈

花瓣以層次分明立體呈現，
如同踩著節拍舞動著，
鮮明的色彩更能吸引
旁人目光注視焦點。

作法P.90　紙型P.158

09 ／ 和 風 物 語

沉穩的色調
帶有簡約風格襯托出典雅氣質，
有著淡淡的美感。

作法P.92　紙型P.158

10 ／ 優雅仕女

大膽的立體剪裁，
加上繽紛色彩的圖騰，
搖曳生姿的模樣，
更顯出優雅大方的氣質。

作法P.94　紙型P.159

11

日式風花束

鏤空的布款設計
降低了棉質厚實感，
在虛與實之間
有著強烈的對比又帶有素雅的風格。

作法P.96　紙型P.160

12 ／ 夏日狂想曲

陽光、沙灘、美女，
於清爽活潑的搭配下，
散發出年輕朝氣與活力。

作法P.99　紙型P.160

13 ／ 祕 密 花 園

山間小路邊有著不具名的小花，
可愛的模樣如此討喜，
何不將它記錄下來，
永存於私人的花園裡。

作法P.100　紙型P.161

14 ／ 臻愛密碼

猶如蝴蝶般的姿態呈現，
鼓動著雙翅傳遞出幸福效應。

作法P.102　紙型P.160

15

小 花 飾 鍊

繽紛色彩的小花纏繞在手腕上，
增添少女般的氣息。

作法P.104　紙型P.161

16

情竇初開

簡單的花朵垂墜耳邊，
那清純可愛的模樣讓人愛不釋手。

作法P.105　紙型P.161

17

青 春 學 園

以蕾絲繡花紋路為基礎，
樸素自然、瀰漫著學院氣息。

作法P.106　紙型P.161

18

律動音符

流蘇邊剪裁形成波紋，
鑽飾搭配如同一顆顆跳動音符
譜出美麗的樂章。

作法P.108　紙型P.161

19 ／ 月 牙 灣 之 夢

哼著熟悉的歌曲，
幻化心中想像的意境，
創造出動感花朵造型。

作法P.109　紙型P.161

20 ／ 復古年代

獨特風格，
鮮明亮眼，
今晚妳將是唯一的主角。

作法P.110　紙型P.162

21

提拉米蘇

以優雅細膩的質感，
製作出立體花朵，
呈現典雅氣質。

作法P.112　紙型P.163

22

吉祥如意

簡單花朵造型設計，
使用花朵印花布，創造出花中花，
更像柿子正面模樣，十分有趣。

作法P.115　紙型P.163

23 ／ 芭蕾舞伶

柔柔的質感，
如同芭蕾舞者慢慢地跳著，
花瓣的設計，
彷彿正在旋轉著。

作法P.117　紙型P.163

24 ／ 光陰的故事

可愛造型模樣喚起兒時記憶，
在每日上課的早晨，
母親總會幫忙梳理打扮著。

作法P.119　紙型P.164

25

愛 戀 宣 言

以繡花布拼貼出獨特的圖案，
豐富了原本單調的素面材質，
展現出貴氣個性。

作法P.121 紙型P.164

26

東 方 美 人

輕柔低調奢華感，
有著精緻浪漫並展現出古典華麗風格。

作法P.124　紙型P.165

27

繽紛薔薇

無論是毛料刺繡或燒花鏤空設計，
皆呈現出有個性而又不單調的色彩，
加上若隱若現的亮鑽點綴，
更是為花朵加分。

作法P.126　紙型P.165

28 蝶戀

簡潔俐落的花型，
加上柔美繡花蕾絲蝴蝶結。
以剛柔並濟的表現方式，
詮釋出都會女子風情。

作法P.129　紙型P.166

29
清 純 少 女

可愛活潑的小花朵，
甜美設計如鄰家女孩般討喜。

作法P.131　紙型P.166

30 夢幻圓舞曲

素色簡約風格設計，
充滿質感與浪漫氣息。

作法P.133　紙型P.167

31

愛 情 信 物

飽滿的圓形玫瑰設計，
象徵著圓滿。

作法P.135　紙型P.167

32 / 茶 花 女

清新脫俗中帶有亮麗色彩，
更顯高雅。

作法P.136　紙型P.167

33
秋 意 詩 篇

田園風格小碎花布利用色彩變換，
製造出秋日饗宴。

作法P.138　紙型P.168

34 ／ 絢麗巴洛克

以玫瑰花概念設計，
強調華麗甜美時尚感。

作法P.140　紙型P.168

35

波 西 米 亞 風 情

多元化的色彩及多層次的重疊組合，
隨意晃動的小花，
表現出隨性又有自我風格。

作法P.142　紙型P.169

36
中 國 娃 娃

充滿復古簡約風格，
以簡單的剪裁方式及組合，
運用不同的燙製技巧，
產生出有別於一般傳統印象。

作法P.145　紙型P.169

37 / 冬戀

鮮明紋路突顯出豐富的層次感，
珠飾點綴，增添其華麗與高貴。

作法P.147　紙型P.170

38 / 酢 漿 草

信仰、愛情、希望，
記得一定要幸福喔！

作法P.149　紙型P.170

39
雪 舞

花瓣間帶著小花圖案，
以抽紗方式增添其豐富性，
形成一股淡雅風格。

作法P.152　紙型P.171

40 維多利亞花帽

以蕾絲為主體，
華麗浪漫的裝飾色彩，
在帽緣以花束圍繞，
增添造型感。

作法P. 154

How To Make

Handmade Flowers from Fabric

作法解析

Before How to make

寫在動手作之前

材料選擇

依照花朵本身的特性不同，所選擇的布料也將不同，任何種類的布料，都可以作為造花材料，一般製作布花的基本布料有棉、絹、紗、綢、緞、絨……相同的花型以不同的材質製作，將呈現不同的風貌，富有多樣化。而本書將以市面上可購得與身邊隨手可得之碎布作為基礎，在材質選擇上更為便利。

上漿

日本專業造花布料皆已經過上漿處理，所以無需進行此程序，但市面上不易購得，想自修學習的人取得不易，需向專業授課老師購買。
若想學又不想花大筆金錢，可自行製作，其原理與古早時期要使衣服筆挺，都會使用稀粥的湯汁（稠稠的部分），上到欲燙的衣物上，依照布質厚薄程度不同，有多種方法，本書所使用的漿料是將白膠與水依比例調製（一般調製白膠1：水5），再將其上至布面上，待陰乾方可使用。上漿所取漿量的多少需依布料種類而定。

刷膠貼合

使用牙刷均勻於布上（厚布）刷膠

與另一布料（薄布）貼合

裁剪

先依照花瓣、葉子的形狀，描繪至紙板上，製作所謂的紙型，再將布依紙型的不同，一一剪下。

在剪裁花卉或葉瓣時，應採斜紋剪裁，書中以將每片需剪裁之方向畫出，依其方式剪下即可使用。

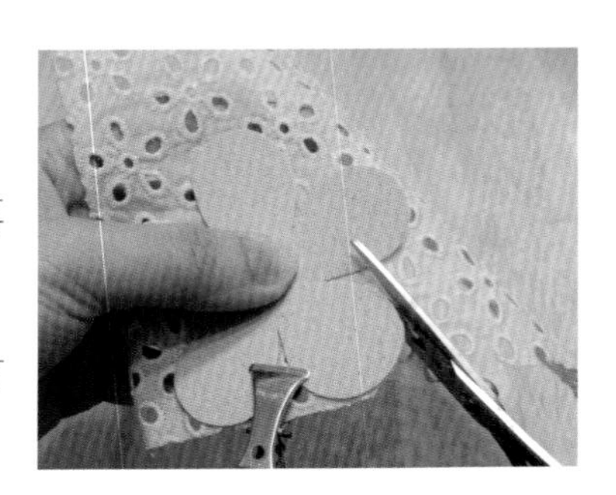

利用扭、燙、拉等各種技法，使原本平面的材料，形成立體的形狀。

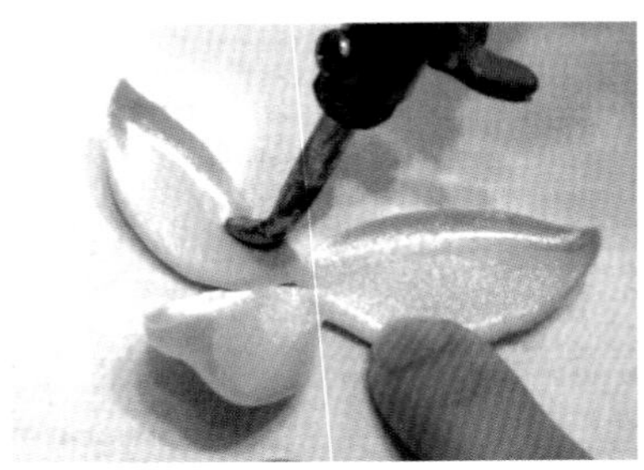

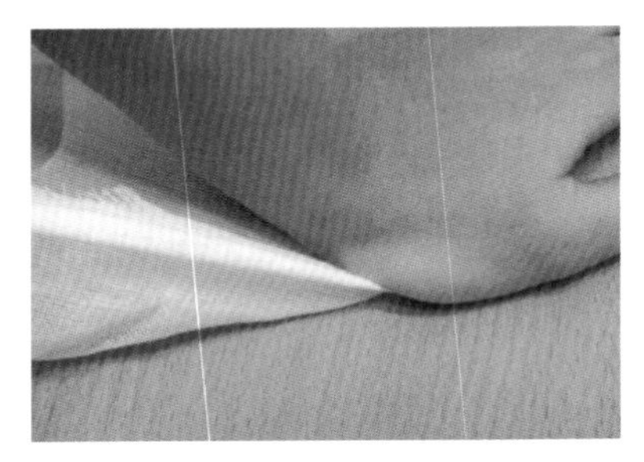

組合 依照所完成的花瓣、葉子及點綴配件，組合屬於自己的風格。

前製作業準備：燙墊縫合 工具包內所附之海綿墊需包覆棉布使用。

1. 準備燙墊、棉布、針線。

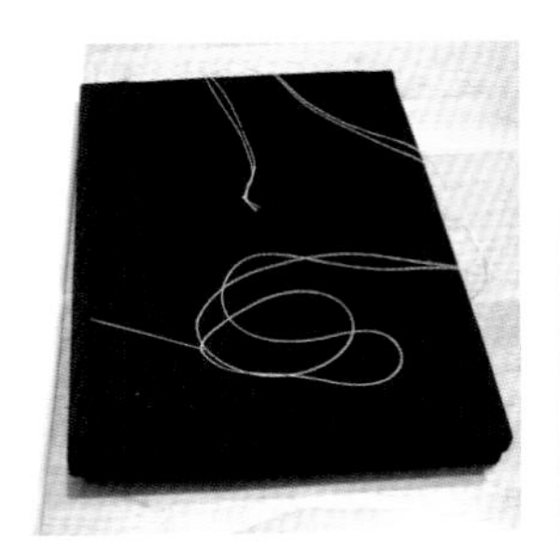

2. 將棉布包覆海綿墊。

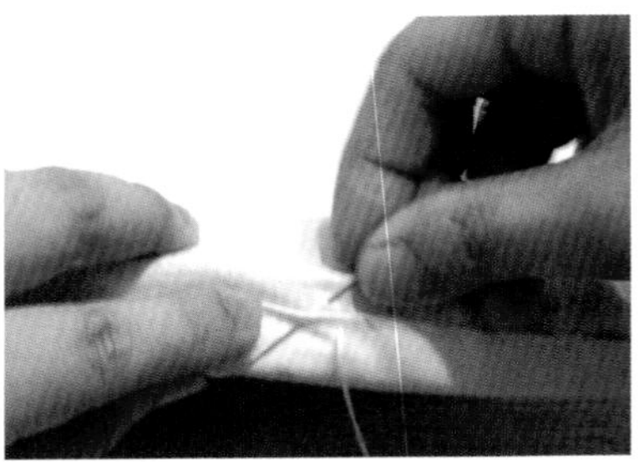

3. 周邊縫合固定即可。

使用工具

剪刀

一把剪布專用，另一把為剪鐵絲或其他物品。

牙刷、毛巾、紗布

牙刷：兩塊布貼合刷膠用。

毛巾：沾濕毛巾，燙製花瓣時將花瓣表面沾點濕氣。

紗布：花瓣拉紋用。

夾子、鑷子、錐子

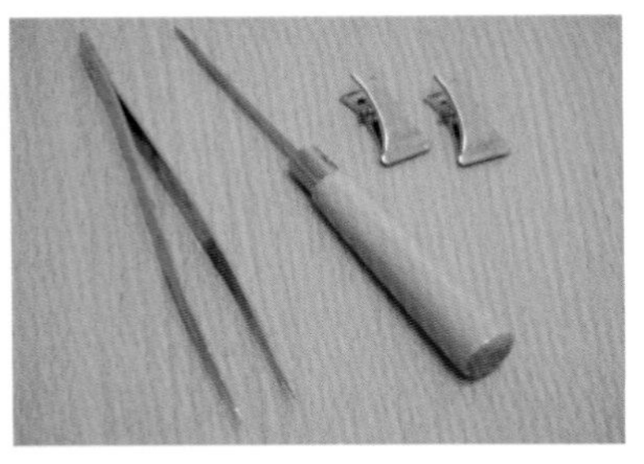

鑷子：細部造型使用。

錐子：點膠、打孔及捲藤蔓作造型使用。

夾子：固定紙型與布用。

接著劑

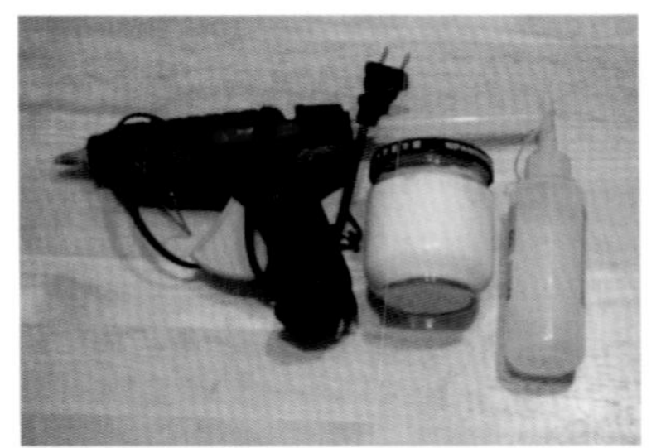

熱熔膠、白膠、保麗龍膠。

其他材料

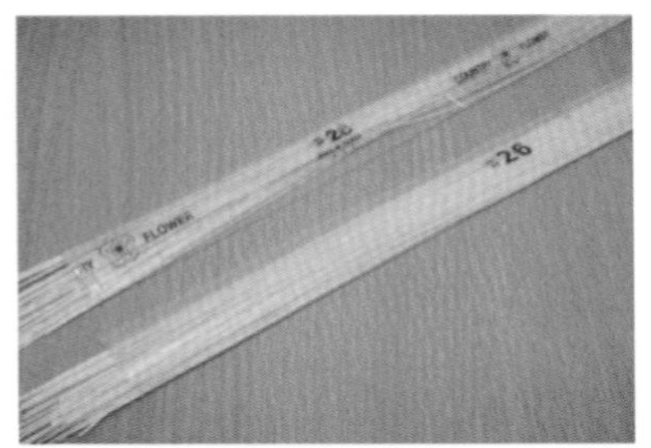

鐵絲：號碼越大鐵絲越細，書中僅使用26及28號。

紙捲

用於固定花蕊及花束各式花蕊、珠飾及底座固定。

燙器 目前市售的基本燙器組包括有燙炳一支（含腳架）、燙頭十六支、燙墊。

貼心小語

- 先將所需燙頭與燙炳利用尖嘴鉗使兩者栓緊固定住，再通電預熱。
- 備用乾淨濕布（不滴水為原則）試溫，發出「滋～滋～」聲，即可使用。
- 毛巾需以棉質為主，勿使用含poly成分。

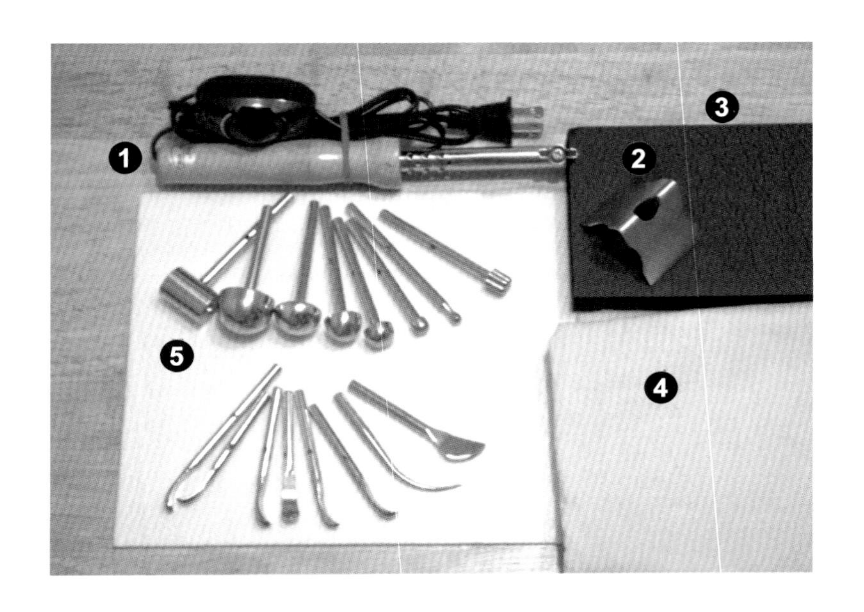

❶ **燙炳**

與一般銲錫烙鐵炳相似，通電分110V（常用）與220V，附有控溫裝置，可調節溫度，視布料材質不同而調整溫度高低，使用上需小心，避免燙傷手或布。

❷ **燙架**

擺放燙器使用。

❸ **燙墊**

造花專用海綿墊，具有彈性，熨燙布料時使用。

❹ **包裹燙墊的棉質布料**

可增加海綿墊使用壽命。

❺ **燙頭**

花卉用：三支

瓣鏝分大、中、小，依花瓣大小不同而使用不同尺寸。

葉脈及部分花卉紋路：三支

莖鏝分一、二、三，依脈絡紋路不同而有不同使用。

葉脈用：一支

刀鏝使用於葉脈紋路居多或部分花卉細小紋路。

玫瑰花卉及凹型花卉：五支

圓鏝使用於凹形花卉，尺寸分別為：一寸（直徑約3cm）、八分（直徑約2.4cm）、七分（直徑約2.1cm）、五分（直徑約1.6cm）、三分（直徑約1cm）

小花卉：兩支

鈴蘭鏝、勿忘草鏝使用於小碎布製作小花。

細部修整：一支

捲邊鏝勾勒花卉邊緣部分捲翹成形。

花莖：一支

斜莖鏝製作花莖部分。

花蕊製作（一）

1. 將適量花蕊於所需高度每一支皆黏膠。均勻上膠後，貼上紙捲。另一端作法相同，待乾。

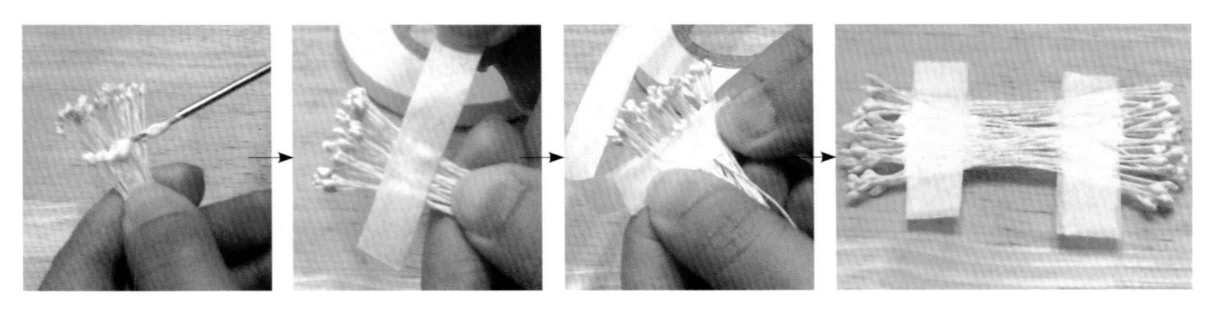

2. 修剪多餘紙捲。剪出所需之花蕊長度，將鐵絲摺勾扣住數根花蕊。

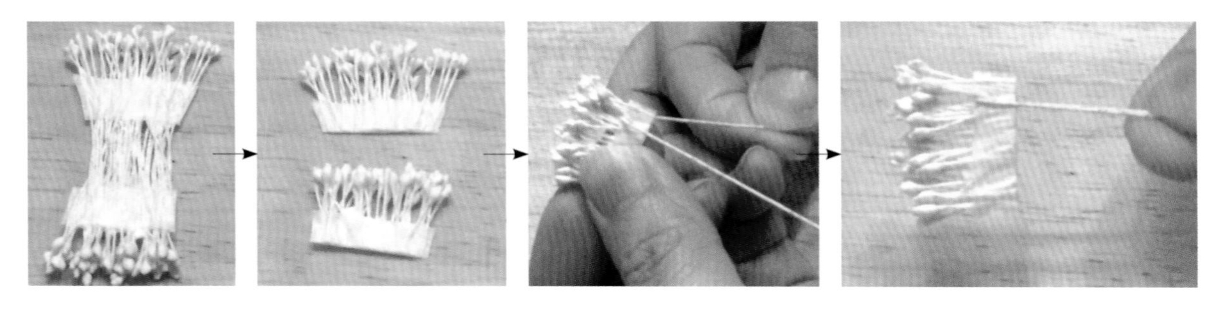

3. 兩片表面上膠。

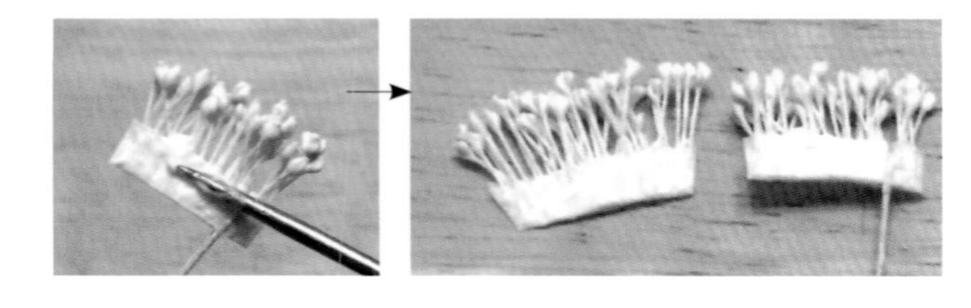

4. 將花蕊捲成圓筒狀。

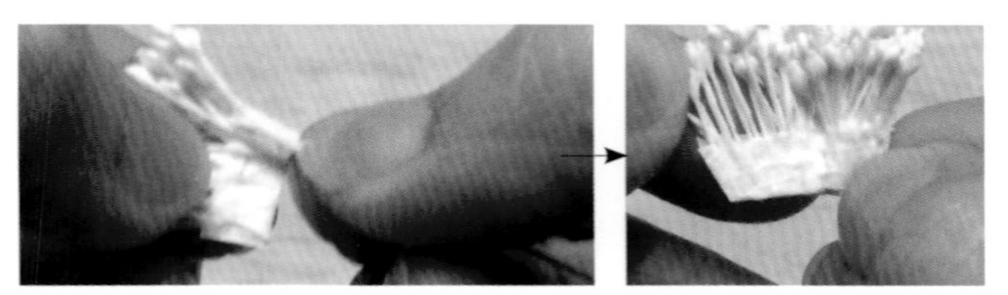

5. 外圍再捲上一層紙捲固定即完成。

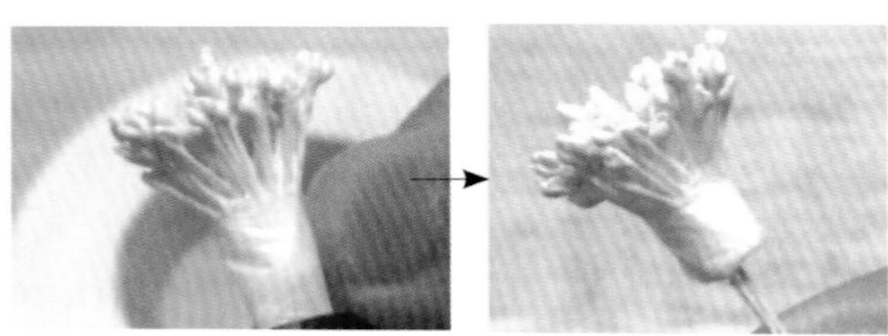

花蕊製作（二）

1. 準備適量花蕊及鐵絲#26 1/2一支。將花蕊對摺，以鐵絲將花蕊纏繞住。

2. 棉梗部分減去剩0.5cm至1cm，以紙捲往下纏繞包覆即完成！

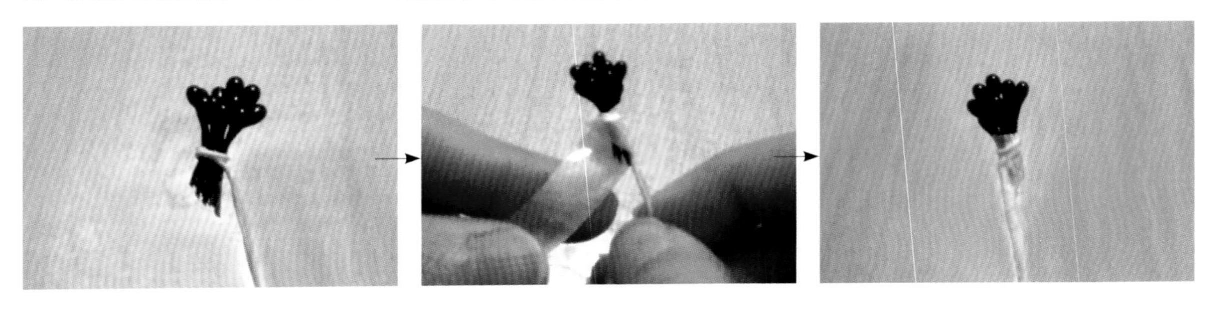

蝴蝶結飾帶製作 準備適量飾帶（以60cm為主）、鐵絲#26 1/2 1支

1. 飾帶留出尾端約6cm至7cm固定，往後打圈，再將較長端往前往上打圈。

2. 重覆上述動作。

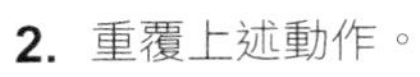

3. 最後以鐵絲勾住固定，並上紙捲，調整形狀。

鞋夾底座製作 準備材料：鞋夾片2個、圓形項鍊座2個　工具：銼刀、烙鐵、錫絲、鉗子

1. 使用鉗子將圓形項鏈座的勾勾剪掉。

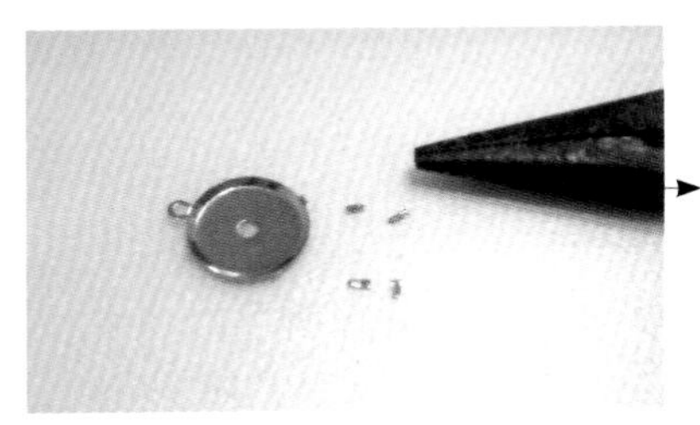

2. 如圖示以銼刀將表面磨出刻痕，錫槍上錫。

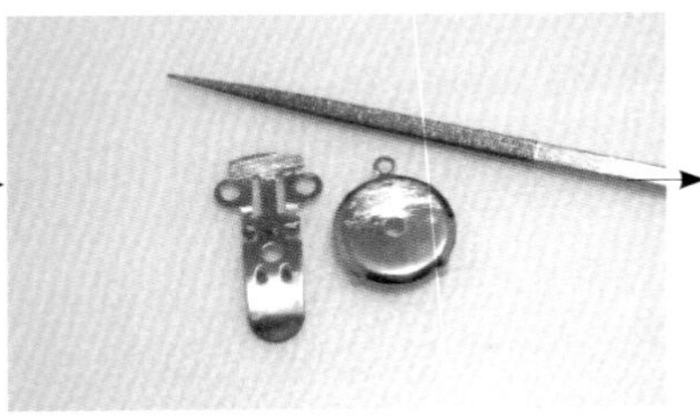

3. 兩面遇熱接合即可完成。

01 風之精靈

（作品欣賞 P.9，本款無原寸紙型）

材料

珍珠紗20×22cm
水晶花蕊×5支
3mm油珠（綠）×8顆
3mm油珠（白）×7顆
別針×1支
5mm魚線×36cm
鐵絲#28 1/4×8支
QQ線

裁布圖（單位：cm）

先將20×22cm珍珠紗裁出12×22cm・8×10cm・5×10cm，再分別裁剪大・中・小花瓣。

・將12×22cm裁成十六片3×5.5cm大花瓣。
・將8×10cm裁成十片2×4cm中花瓣。
・將5×10cm裁成十片1×5cm小花瓣。

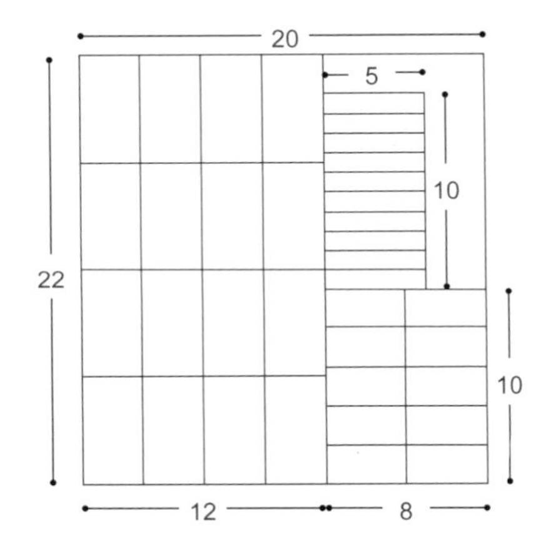

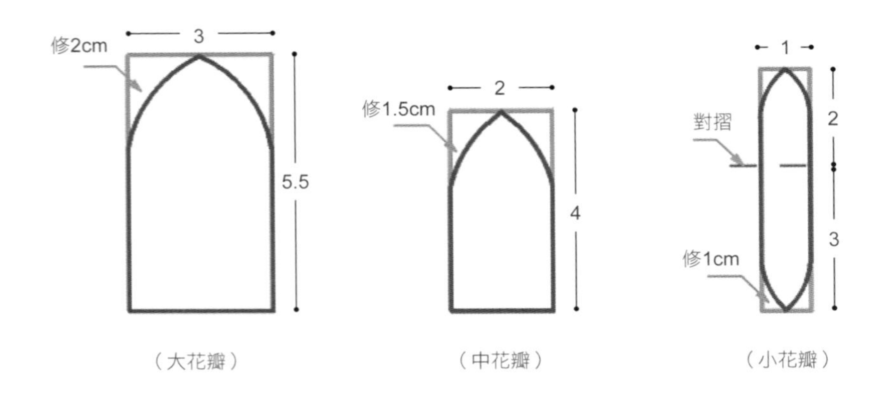

製作花瓣

同尺寸兩片點膠浮貼，再依圖示修剪並扭轉塑型，中、大花瓣距底部0.5cm以QQ線固定。

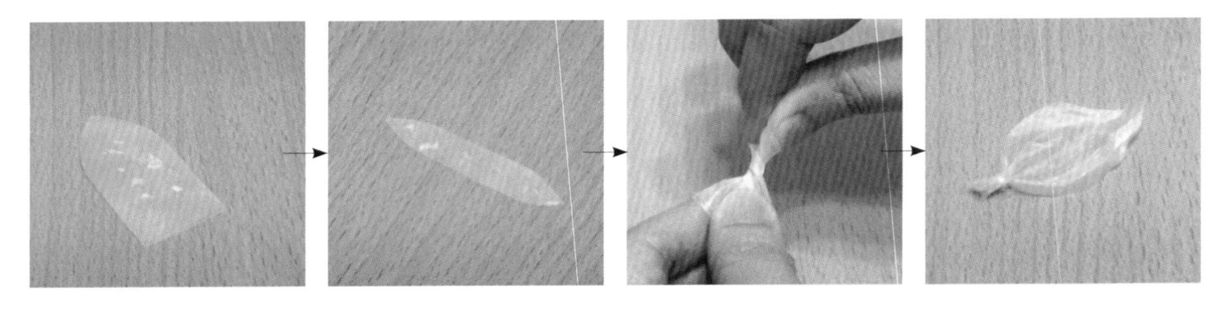

製作花蕊＆珠飾

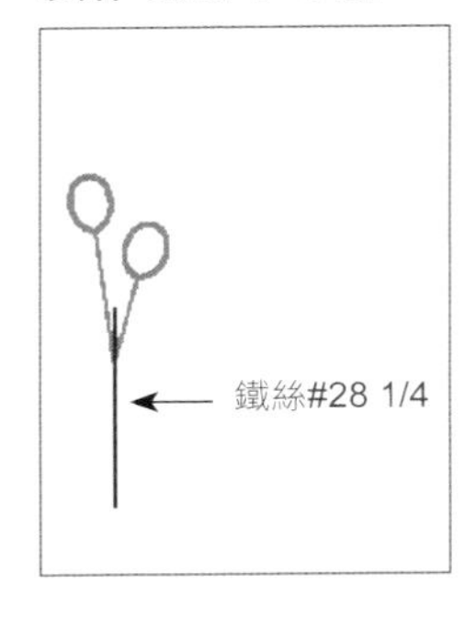

水晶花蕊：對摺，架上鐵絲，外圍捲上2cm至3cm紙捲，共作五支。

珠飾：油珠＆魚線均分成三等分，以魚線不等距地串入油珠＆上膠固定，兩端再架上鐵絲，外圍捲上2cm至3cm紙捲，共作三支。

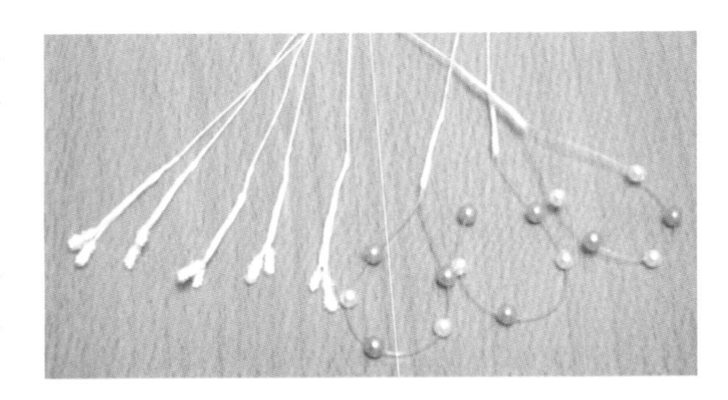

組合布花

1. 小花瓣在2cm・3cm交接處對摺，上膠後包入花蕊。

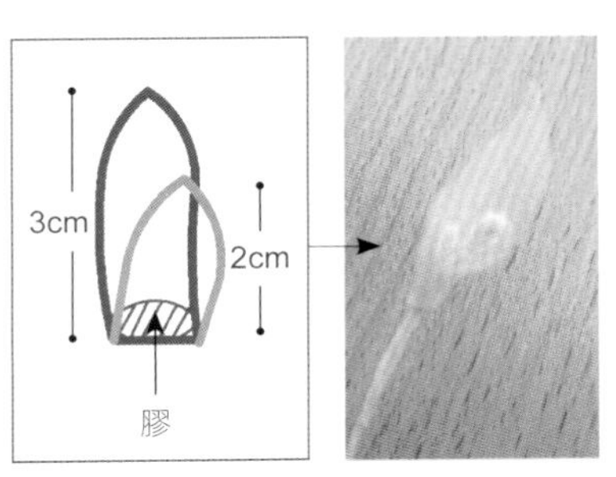

2. 其外圍再依序黏上中、大花瓣，共作五支。

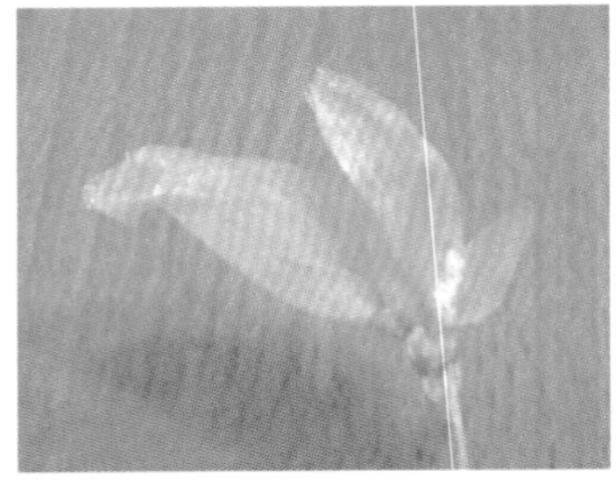

3. 將五支花瓣圍成一圈，同時加入珠飾，鐵絲留5cm，以剩餘布料剪2cm寬當莖布包覆後加入別針。

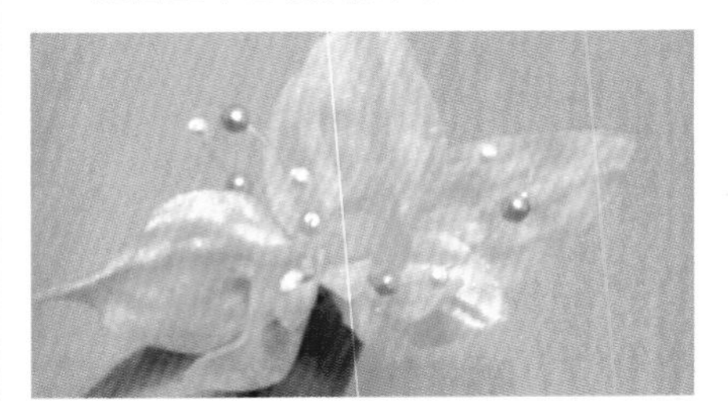

02 海洋之星

（作品欣賞 P.10，本款無原寸紙型）

材料

珍珠紗兩色20×30cm（不上漿）
6mm水晶珍珠11顆
4mm水晶珍珠185顆
鴨嘴別針圓台1個
裸鐵絲100cm

裁布圖 （單位：cm）

珍珠紗兩色各20×30cm，
各單剪五小片10×10cm。

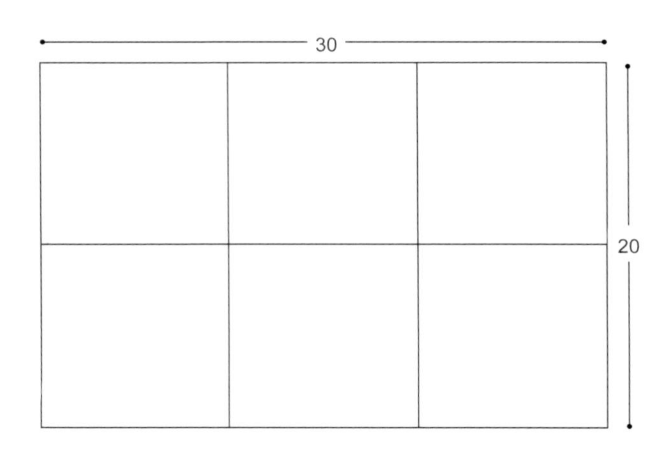

HOW TO MAKE

製作花瓣

1. 不同兩色重疊&對摺成三角形。

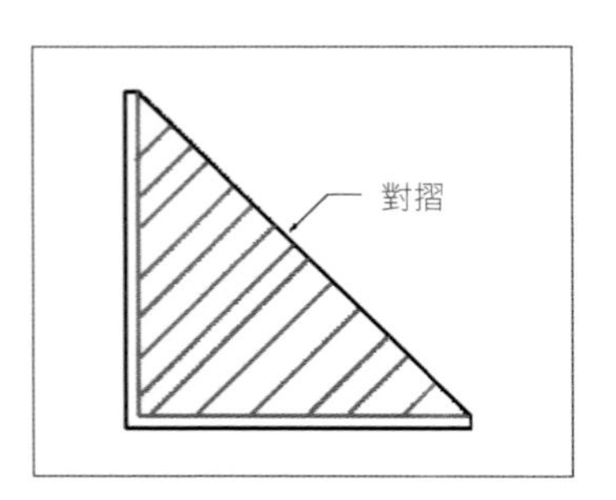

2. 距布緣0.5cm處平針縮縫，共製作五片。

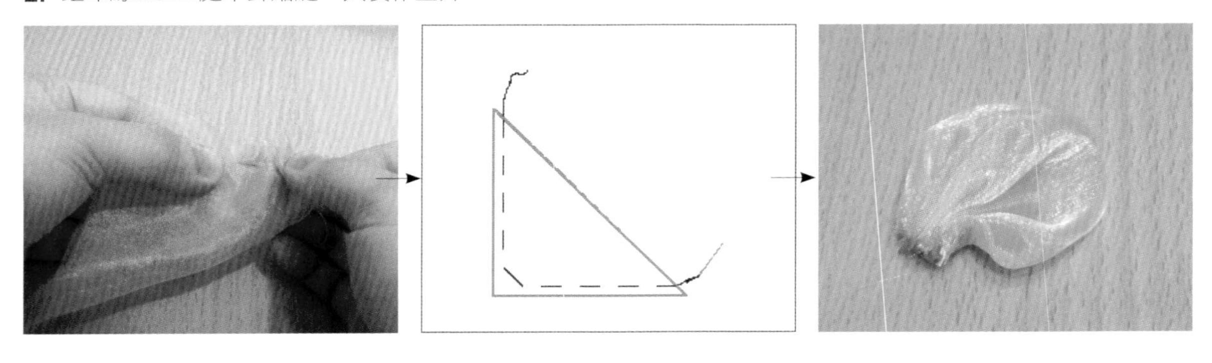

製作花蕊

將裸鐵絲剪成20cm×5條，依序穿入水晶珍珠。再取三條B扭轉在一起備用。

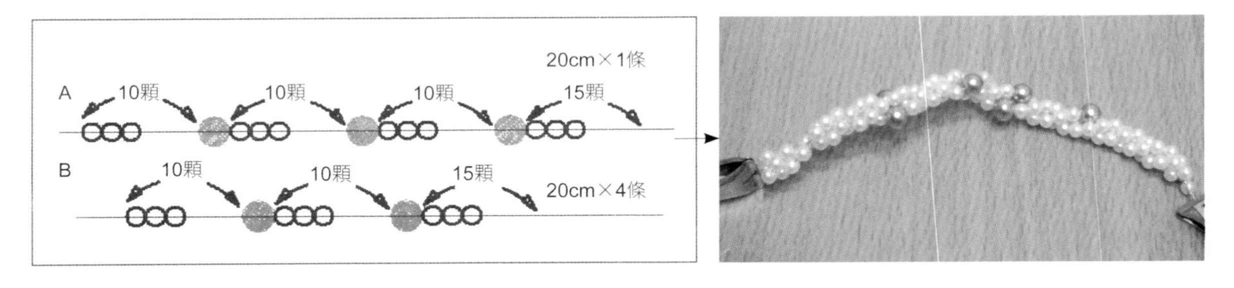

組合布花

1. 將五片花瓣接縫成花朵狀。

2. 以扭轉備用的珍珠串圍成圓形，固定後穿入花中心，黏上保麗龍膠，鐵絲留1cm至2cm扣住花背面黏貼固定。剩下A・B珠串使用熱熔膠黏貼於鴨嘴別針圓台，最後將花朵貼上。

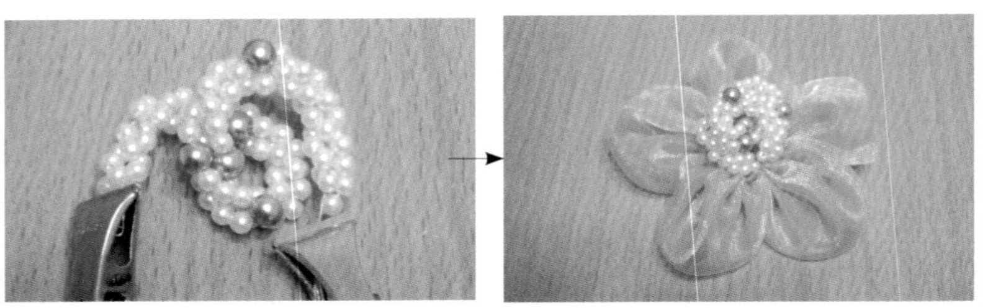

03 松果小物

（作品欣賞 P.11，本款無原寸紙型）

材料

亮緞8×10cm
雙色毛線約7碼
蕾絲緞帶60cm
別針1支
鐵絲#28×3支
鐵絲#28 1/2×8支

工具

2cm寬硬紙板

裁剪莖布（單位：cm）

將亮緞8×10cm裁成1cm寬兩條，其餘剪寬0.5cm。

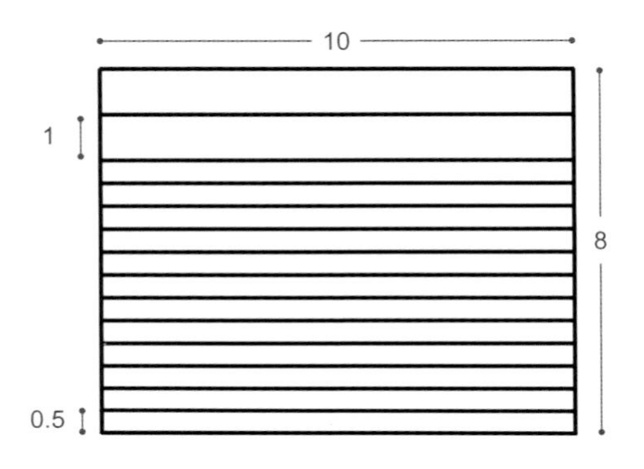

HOW TO MAKE

製作毛球

1. 使用2cm寬硬紙板，參考圖一或依個人習慣製作。

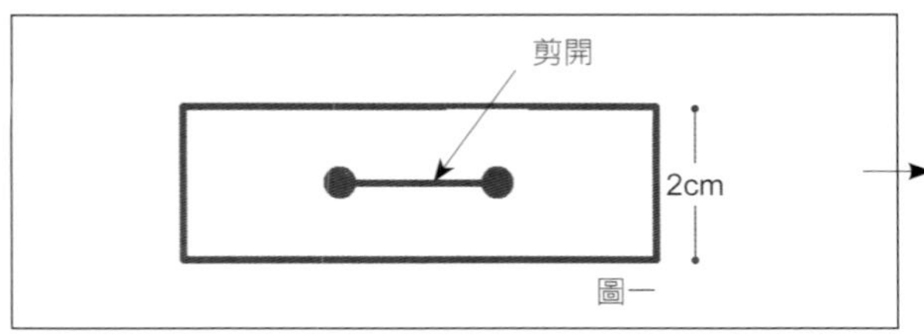

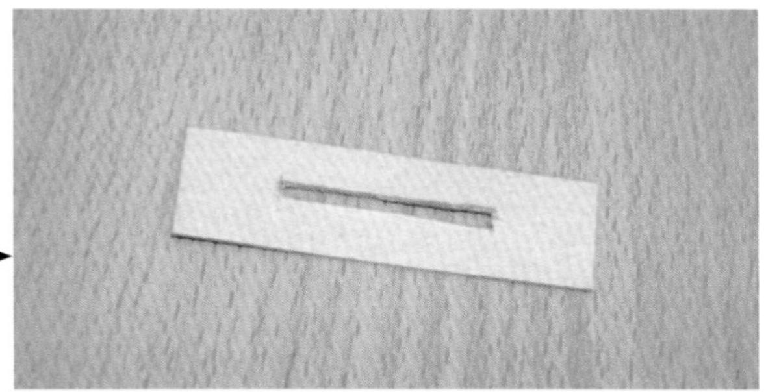

2. 纏繞毛線約五十圈（所繞的圈數越多，球型越漂亮），中間綁緊，再將兩邊剪開修剪成球狀，共作七顆。

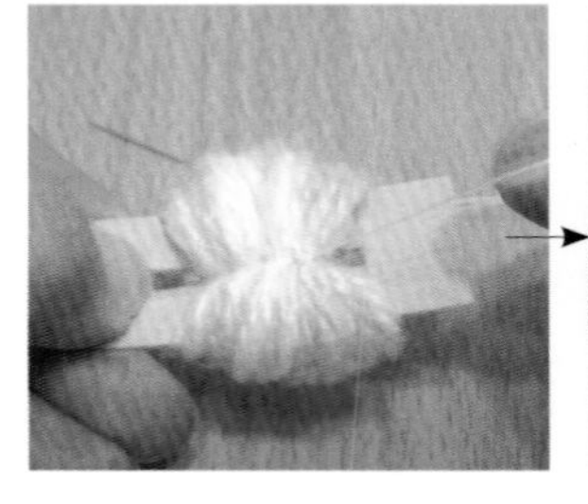

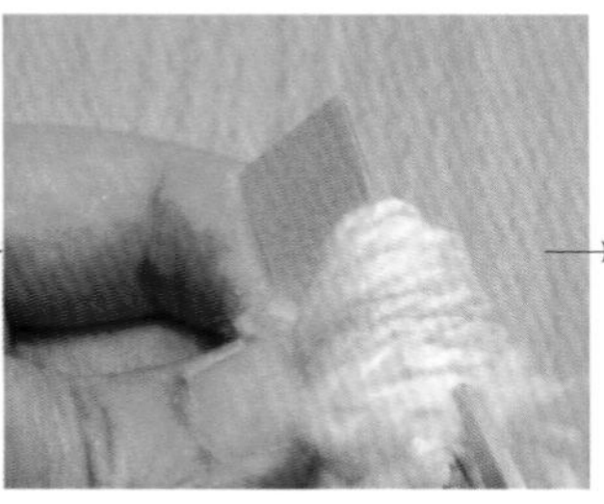

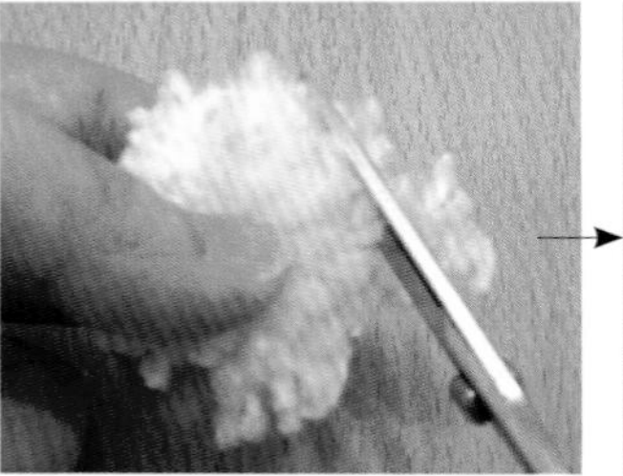

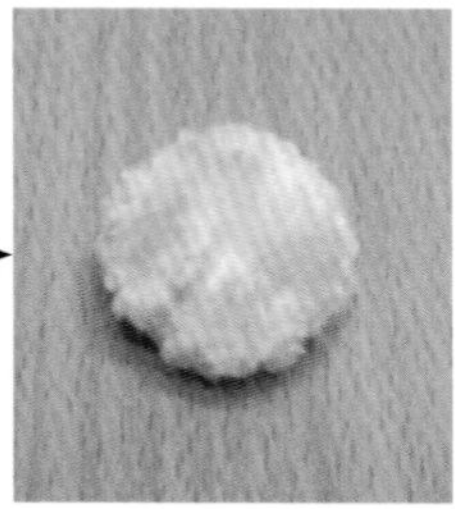

加上枝條

1. 將作好之毛線球中間穿過鐵絲#28 1/2固定。

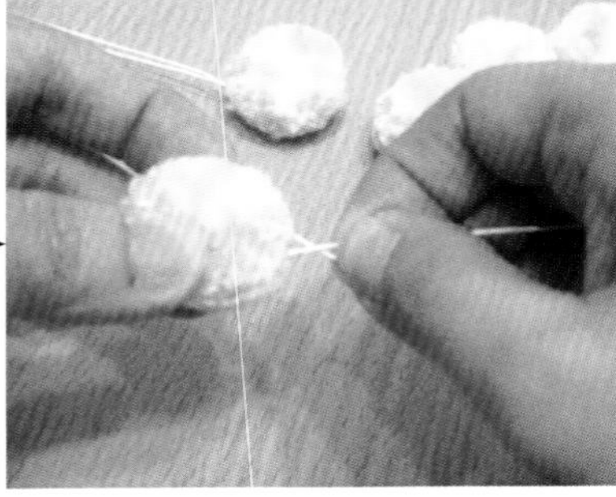

2. 纏繞寬0.5cm莖布5cm至6cm備用。另取鐵絲#28×3支各纏繞寬0.5cm莖布捲至鐵絲1/2處。

組合&裝飾

1. 將七枝松果高低排列，集合成束。

2. 繫上蝴蝶結飾帶（製作方式如蝴蝶結飾帶製作P.77）。

3. 鐵絲留5cm纏繞寬1cm莖布。

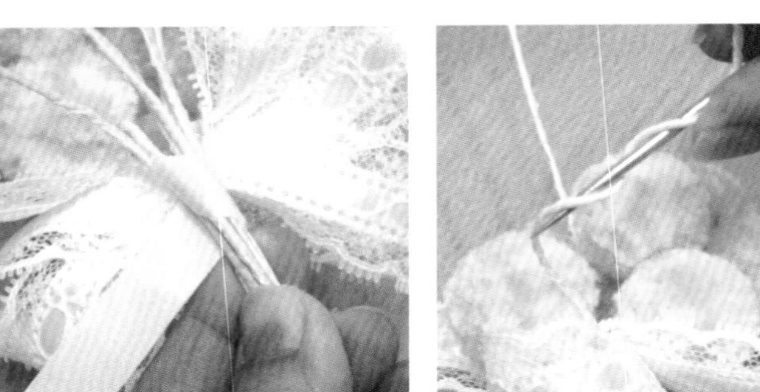

4. 以錐子纏繞有捲莖布之鐵絲作造型，最後加上別針即完成。

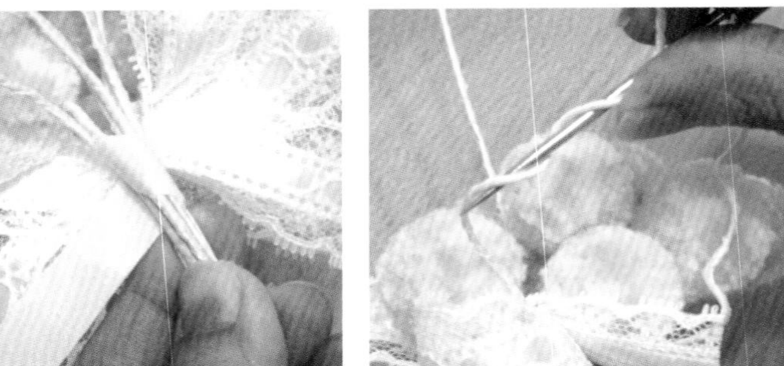

04 天使之約

（作品欣賞P.13，紙型P.157）

材料

絲絨16×17cm
裡布16×17cm
日本珠22顆
17mm蜂巢蓋×1個
鴨嘴別針圓台×1個
飾帶×50cm

工具

針、線

裁布（單位：cm）

將絲絨與裡布刷膠對貼（參考動手之前「刷膠貼合」P.72）。剪下小花瓣一片、中花瓣一片、大花瓣兩片，另剪2.5×2.5cm布片備用。

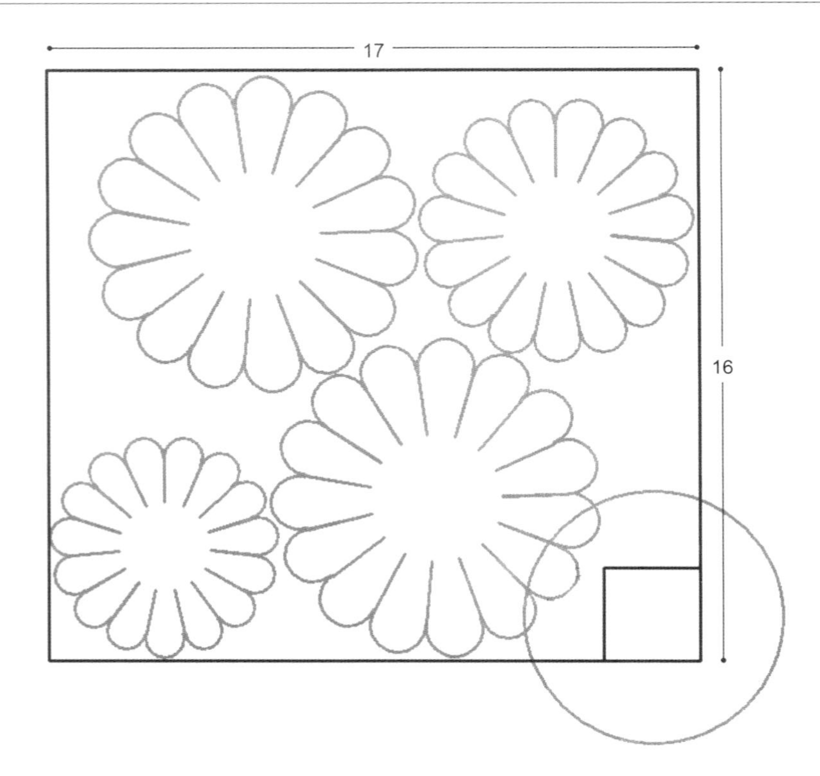

HOW TO MAKE

花瓣塑型

待花片八分乾，扭轉每一花瓣成型。

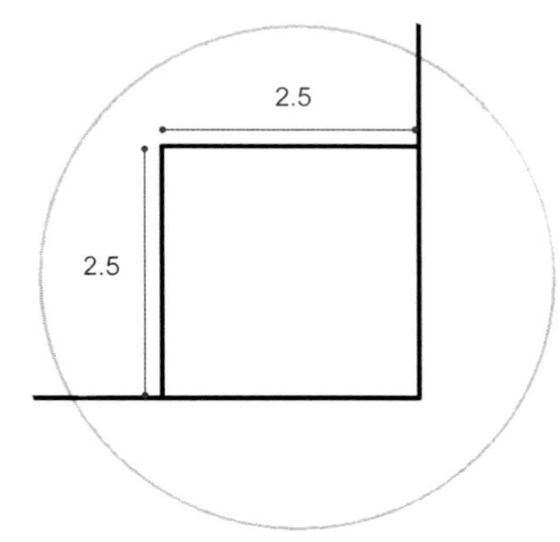

製作花蕊

1. 將2.5×2.5cm布片修成圓形，黏貼上17mm蜂巢蓋，邊緣剪牙口，待乾。

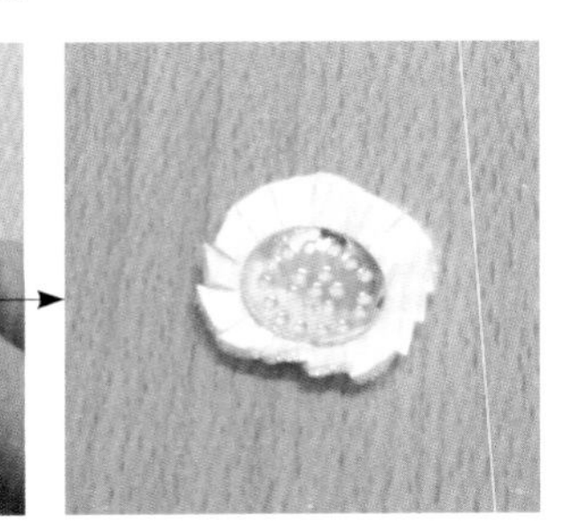

2. 藉由蜂巢蓋的穿孔在正面縫上日本珠，再將布邊摺往背面，以黏膠固定收邊。

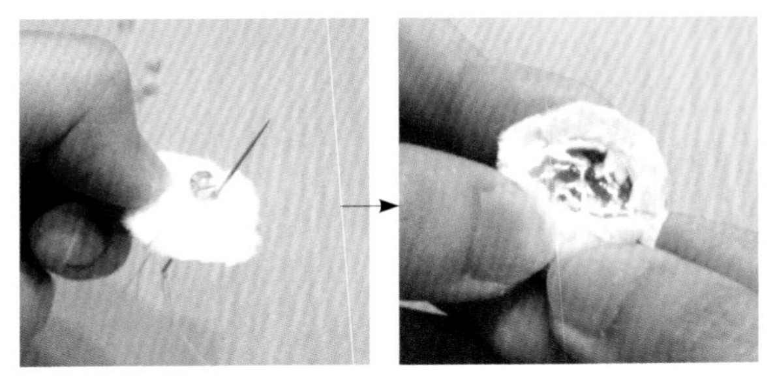

組合＆裝飾

1. 花瓣中心上膠，以小、中、大依序組合。

2. 將飾帶 50cm依序縫成蝴蝶結。

3. 以熱熔膠黏貼鴨嘴別針圓台與蝴蝶結，最後再黏上花即完成。

05 幸福花嫁

作品欣賞P.14　紙型P.157

材料

布（白）8.5×20.5cm
布（咖啡）11.5×20.5cm
菓子花蕊1支
小花蕊12支
緞面飾帶1.5cm寬×180cm
鴨嘴夾1支
鐵絲#26 1/2×8支

裁布圖（單位：cm）

依圖示裁剪花瓣＆葉子＆花萼＆莖布。

・花瓣：將8.5×20.5cm白色布片單剪花瓣十片。
・葉子：將咖啡色布片剪下8×20.5cm後，單剪葉子十片。
・花萼：將咖啡色布片剪下3.5×4cm後，單剪花萼兩片。
・莖布：將咖啡色布片剪下0.5×16.5cm三條、1×16.5cm兩條。

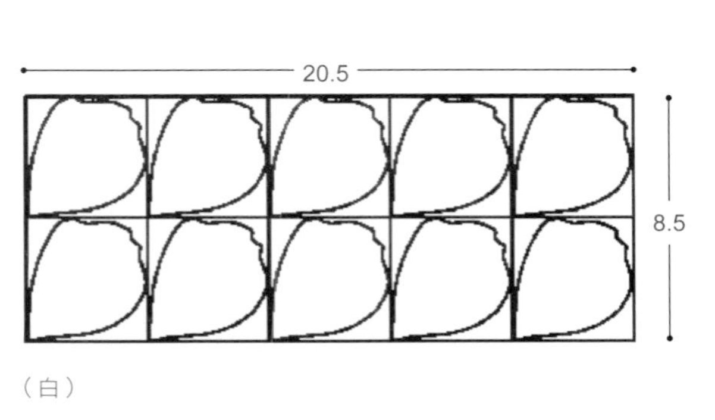

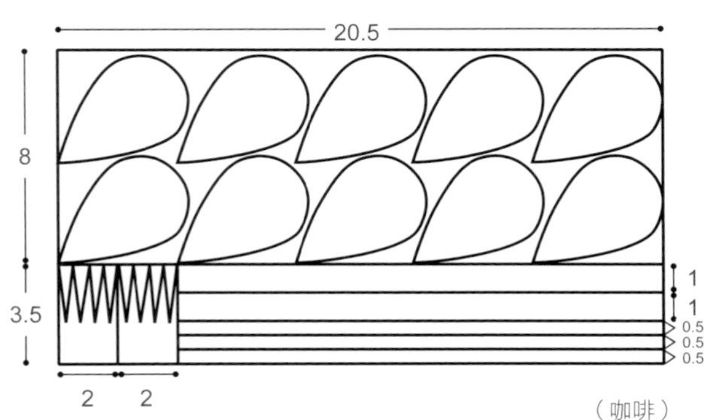

HOW TO MAKE

製作花蕊

以寬0.5cm莖布捲上菓子花蕊1/2支，再加上小花蕊6支＆架上鐵絲，捲2cm至3cm。

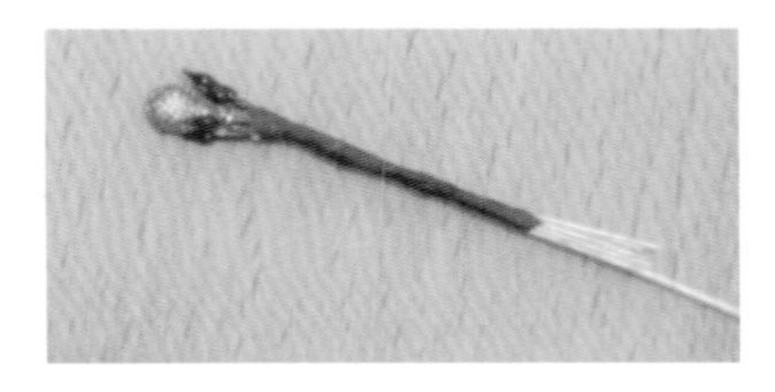

製作花萼

將花萼修剪成鋸齒狀後再對半剪成兩片，以剪刀刮成弧型。

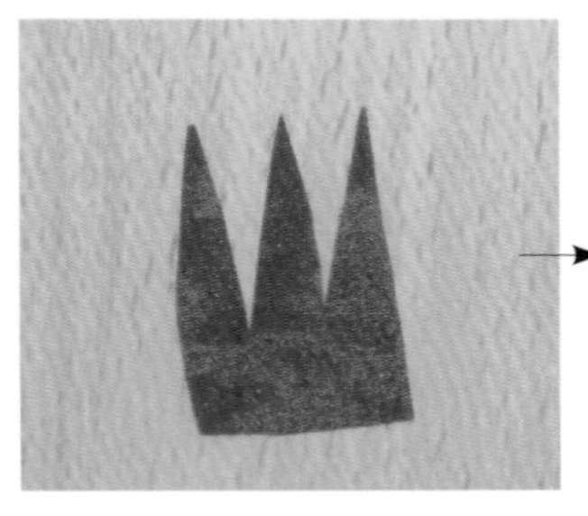

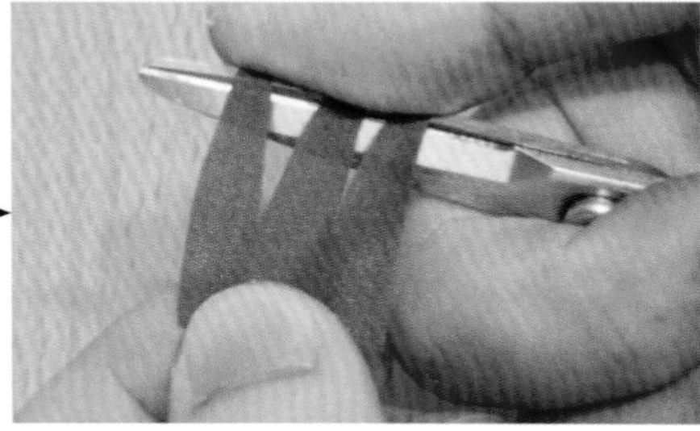

製作花瓣

1. 單扭花瓣後展開。

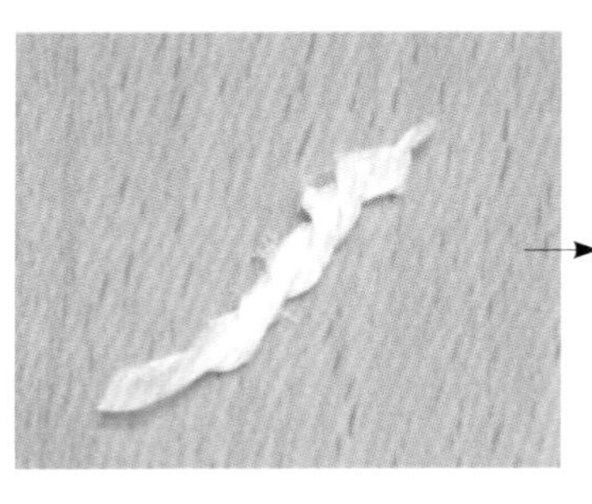

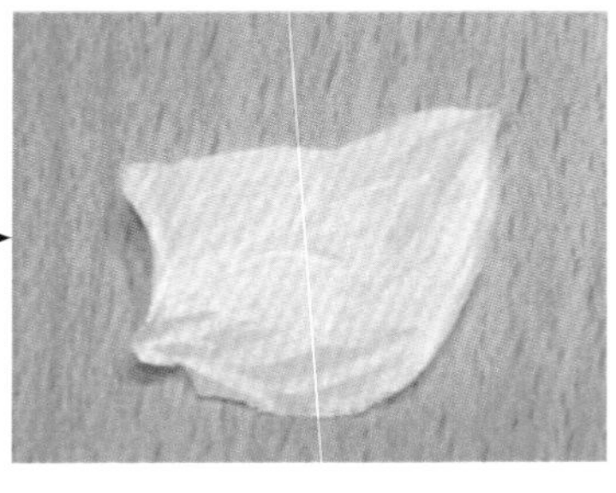

2. 底部上膠，每片以1/3距離黏貼，以五片為一組，共作兩組。

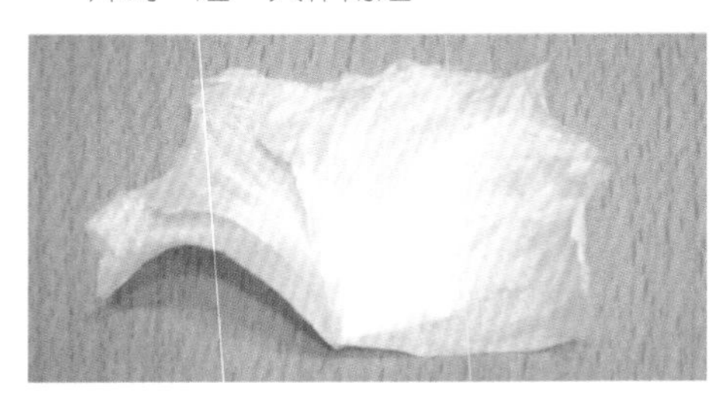

製作葉子

1. 兩片葉中間以鐵絲浮貼。

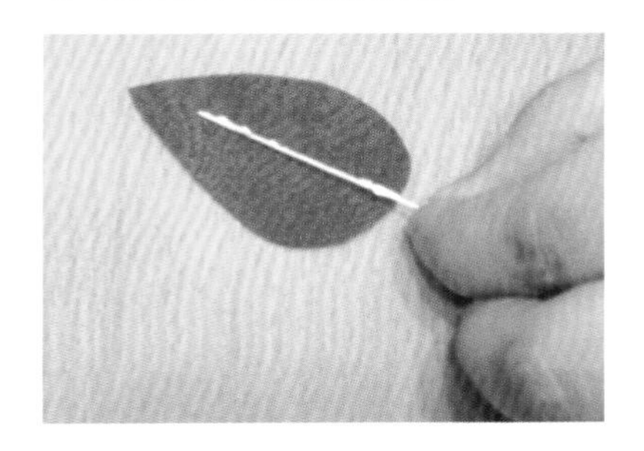

2. 扭轉葉片，捲上0.5cm寬莖布5cm至6cm，共作五支。

組合布花

1. 將一組花瓣底部上膠圍在花蕊外，最後黏上花萼，共作兩朵。

2. 組合花朵，葉子補空隙。

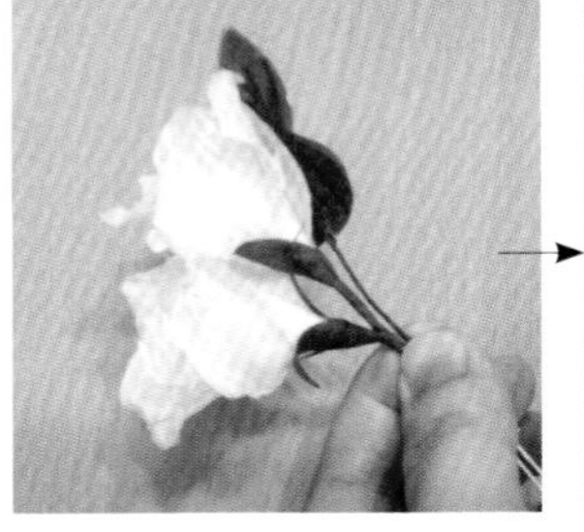

3. 緞面飾帶剪出90cm，綁蝴蝶結（參考蝴蝶結飾帶製作P.77 ）。

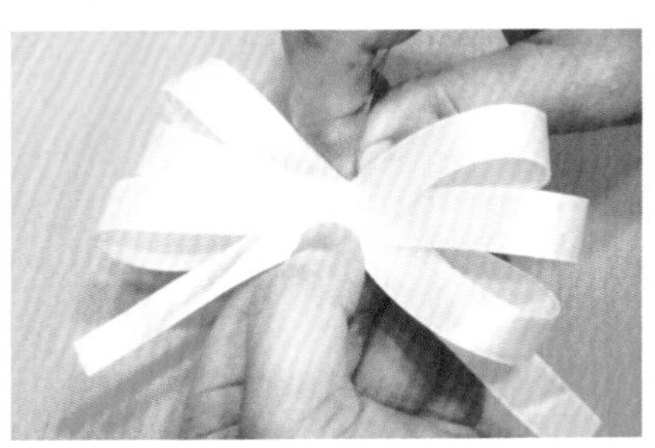

4. 鐵絲端捲0.5cm寬莖布3cm至4cm，並將蝴蝶結中間一圈剪開作造型。

5. 布花加上蝴蝶結，留下3cm至4cm鐵絲捲上1cm寬莖布，再黏上鴨嘴夾＆捲上莖布即完成。剩餘飾帶可綁於手腕上作為腕花使用。

06 繁星

（作品欣賞P.17，紙型P.158）

材料

節紗布8×16cm
4cm寬雪紡紗飾帶30cm
日本短管珠約140顆
日本水滴珠約25顆
鴨嘴別針圓台×1個

工具

大瓣鏝、針、線

HOW TO MAKE

裁布圖（單位：cm）

節紗布8×16cm單剪兩片花瓣。

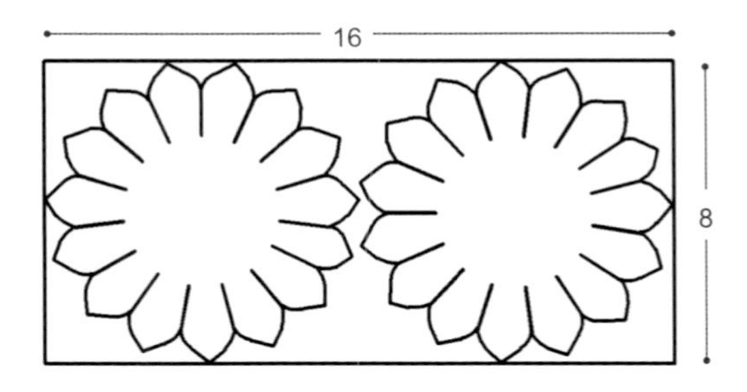

花瓣塑型

花瓣以大瓣鏝依圖示燙製。

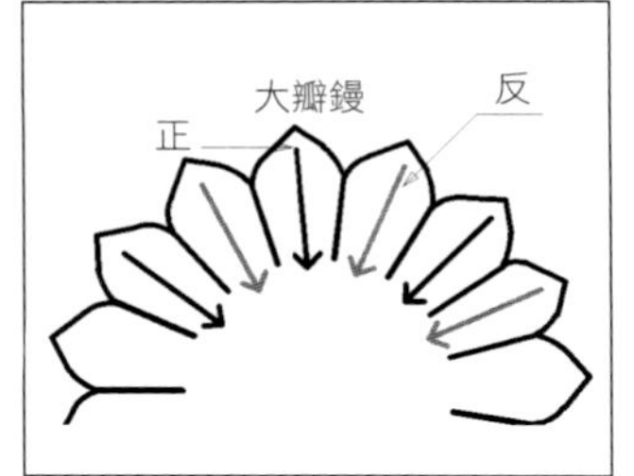

製作花蕊

雪紡紗飾帶邊緣穿插縫上管珠＆水滴珠，之後以平針縮縫方式圍成一圈。

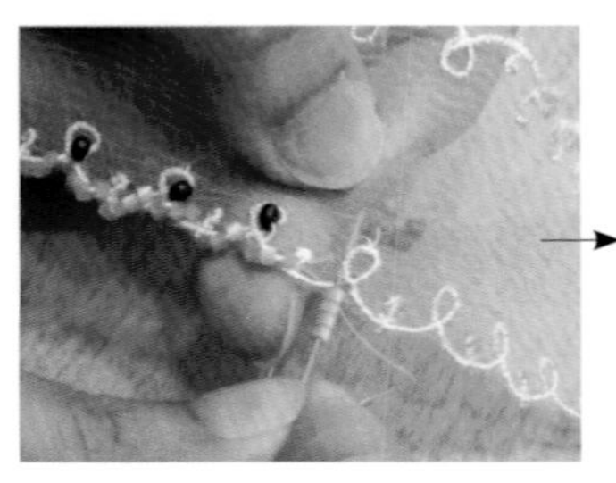

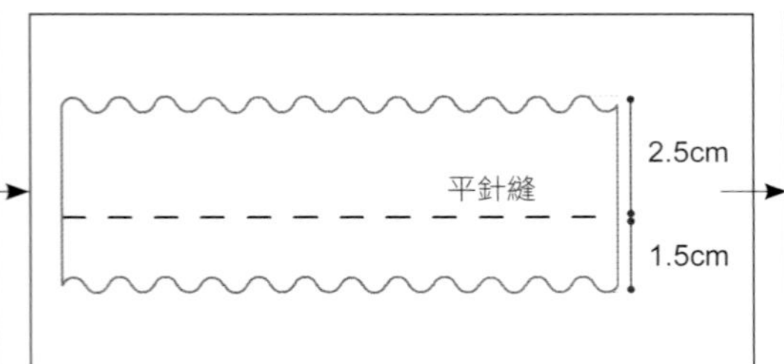

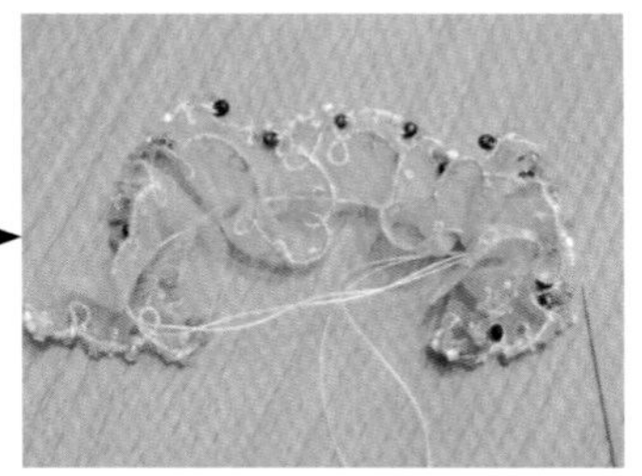

製作花蕊

將花蕊黏貼於花瓣上，再以熱熔膠黏貼鴨嘴別針圓台＆布花。

07 古典蕾絲

（作品欣賞P.19，紙型P.159）

材料

蕾絲繡花布26×30cm
大珍珠花蕊1又1/2支
小珍珠花蕊25支
別針×1支
鐵絲#26 1/2×7支

工具

大瓣鏝

HOW TO MAKE

裁布圖（單位：cm）

蕾絲繡花布單剪出小花瓣四片、中花瓣五片、大花瓣十二片及花萼一片。

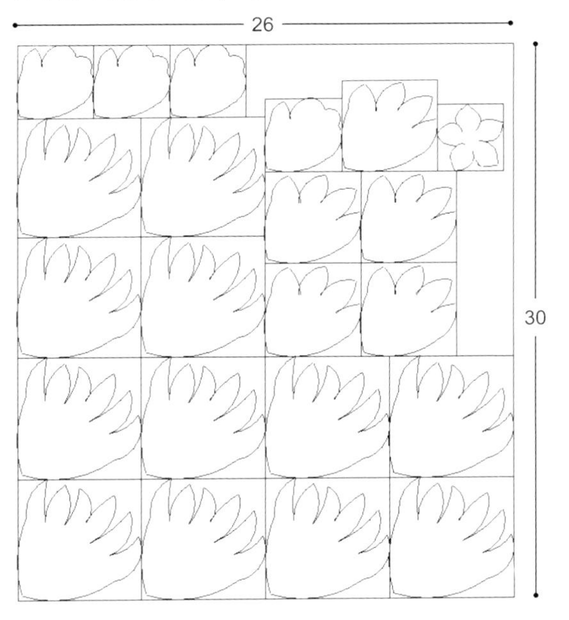

製作花瓣

1. 依圖示燙製大瓣鏝。

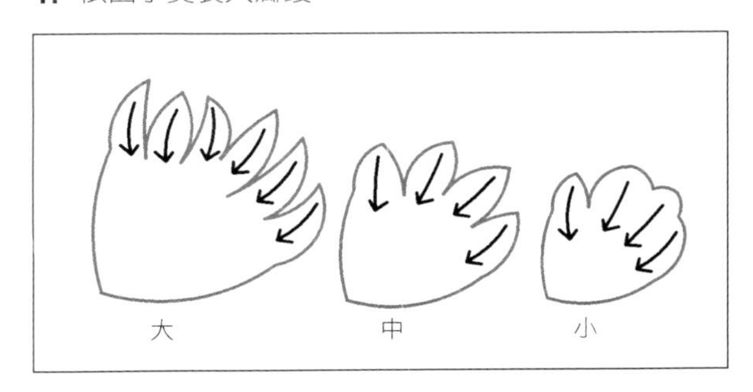

2. 在燙製完成的大花瓣兩片間浮貼鐵絲。

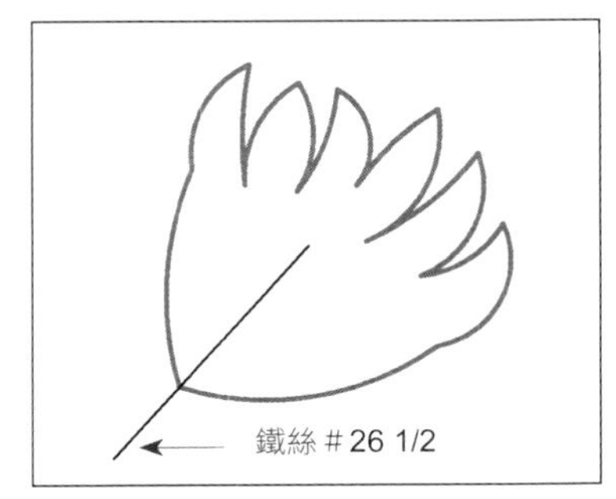

製作花蕊

以鐵絲將兩種花蕊綁成一束（作法同花蕊製作（一）P.76）。

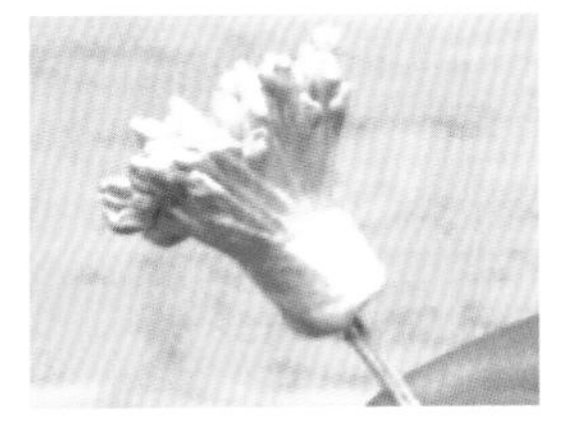

組合布花

依圖示組合花瓣。

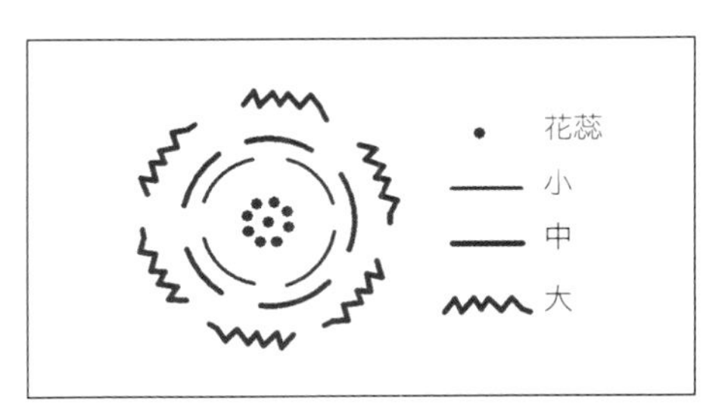

08 狂舞探戈

（作品欣賞P.21，紙型P.158）

材料

亮緞布15.5×20.5cm

平織棉布19.5×20.5cm

鴨嘴夾1支

鐵絲#26 1/3×3支

工具

一莖鏝

裁布圖（單位：cm）

1. 平織棉布單剪大、中、小花瓣各十片及花萼一片。

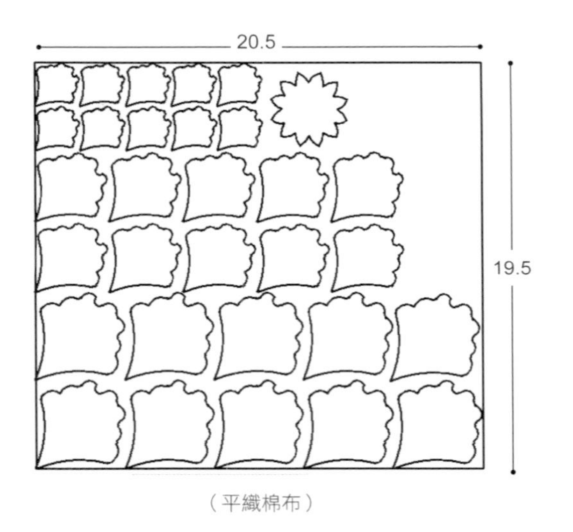

（平織棉布）

2. 亮緞布單剪大、中花瓣各十片。

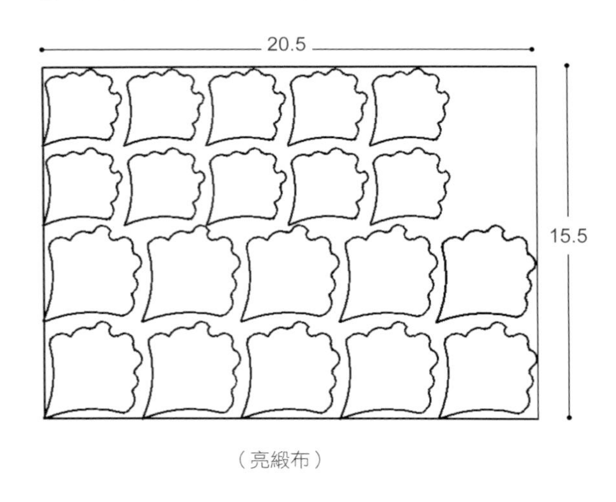

（亮緞布）

HOW TO MAKE

花瓣塑型

1. 全部花瓣以扭轉方式製作。

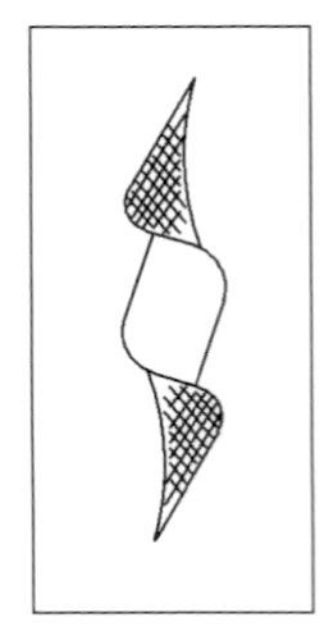

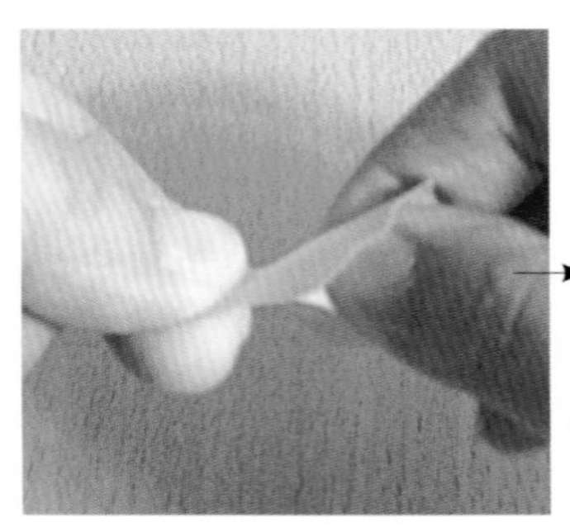

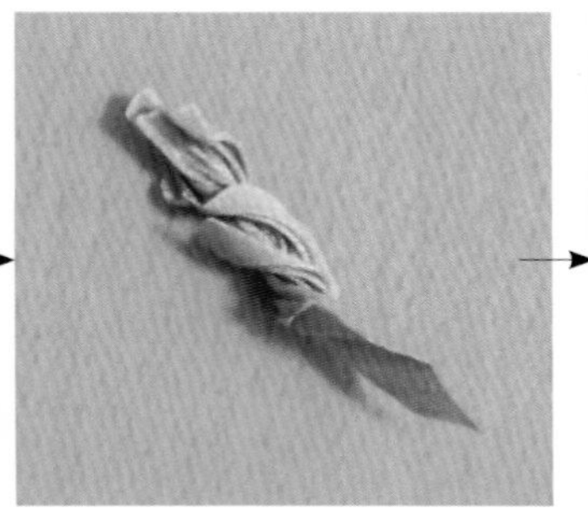

2. 再使用一莖鏝以正、反方式燙花瓣頂端。

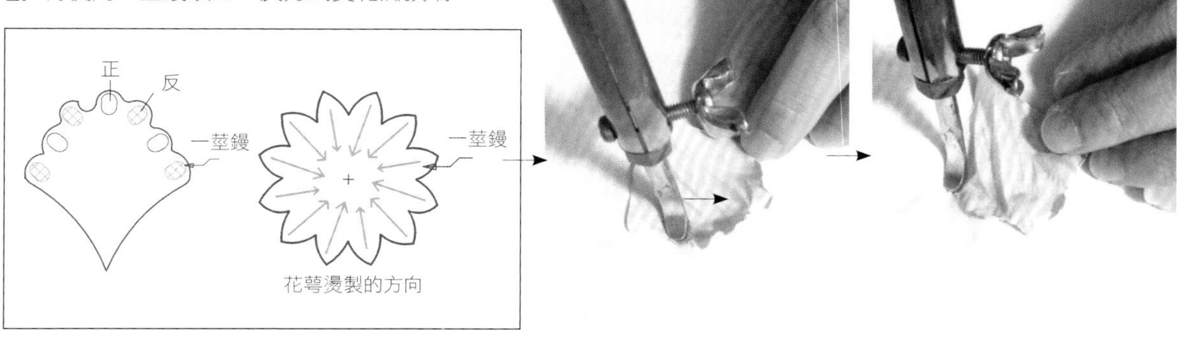

製作花瓣

1. 中・大花瓣：分別將平織棉布底端上膠，錯開0.5cm貼黏相同尺寸花瓣之緞布＆棉布為一組。

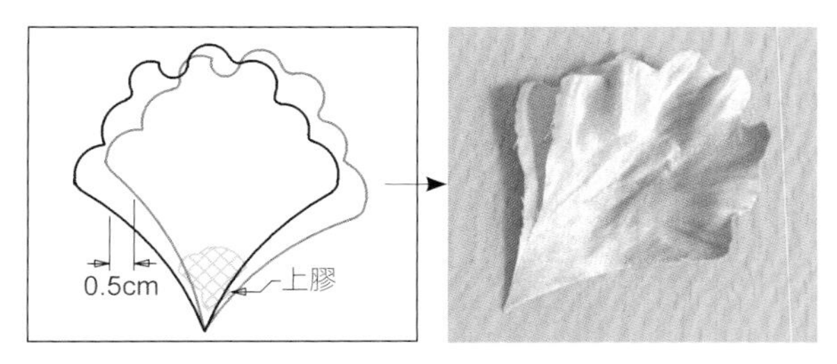

2. 小花瓣（蕊心支架）：取三支鐵絲於0.5cm處摺彎，捲貼上一片小花瓣。

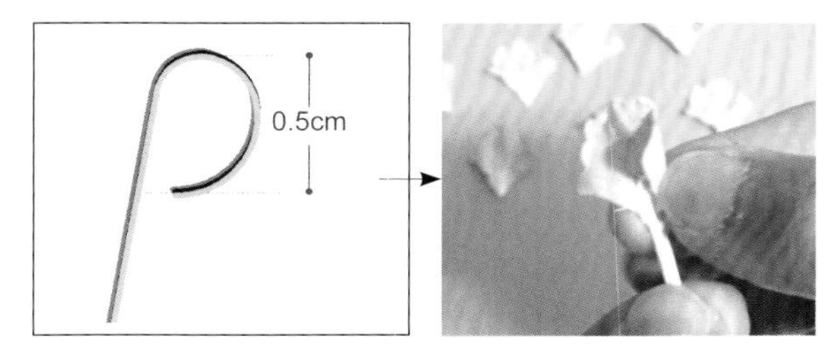

組合布花

1. 第二層與第三層各黏貼兩片小花瓣，第四層黏貼五片小花瓣，其餘各層皆五片圍一圈。

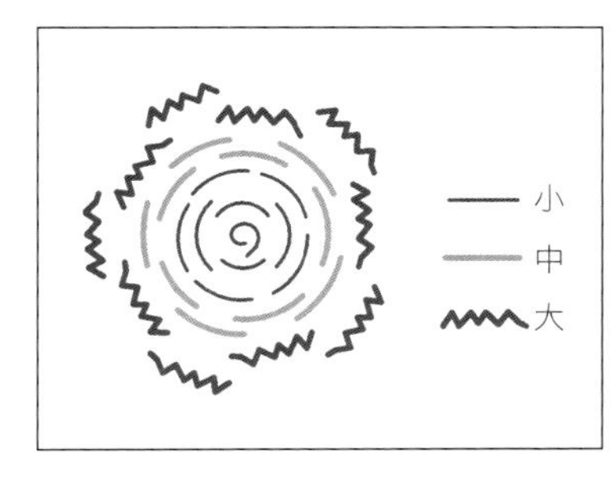

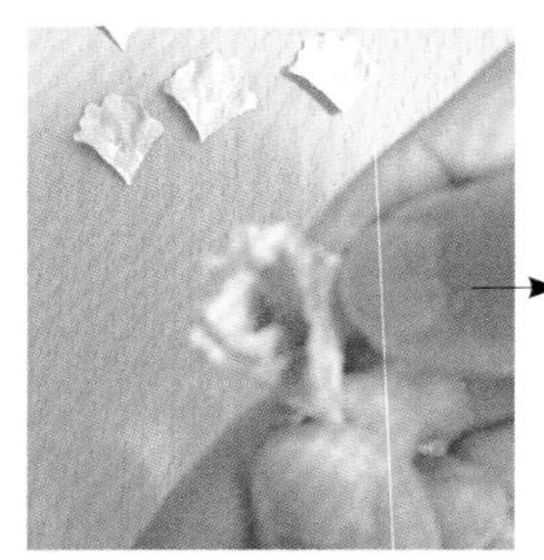

2. 最後黏貼花萼，鐵絲捲上2cm至3cm紙捲，剪掉多餘部分。

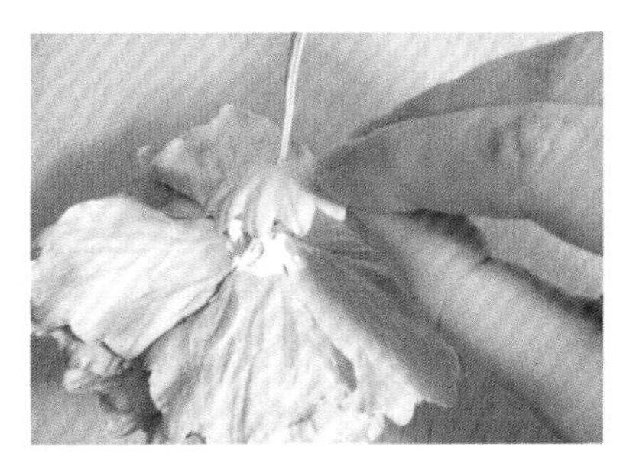

3. 以熱熔膠固定髮夾與花柄，剩餘布料剪1cm寬為莖布，纏繞固定後，調整花型即完成。

09 和風物語

（作品欣賞 P.22，紙型 P.158）

材料

節紗布10.5×12.5cm
棉麻印花布12.5×15cm
水晶花蕊×30支
鴨嘴別針圓台×1
鐵絲#26 1/4×1支

工具

三莖鑷

裁布圖（單位：cm）

1. 棉麻印花布12.5×15cm單剪大花瓣三片、中花瓣三片、小花瓣四片及花萼一片。

2. 節紗布10.5×12.5cm單剪大花瓣兩片、中花瓣三片、小花瓣四片。

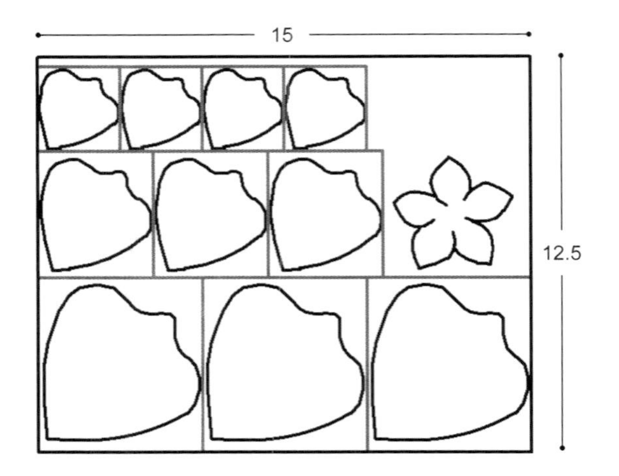

（棉麻印花布）

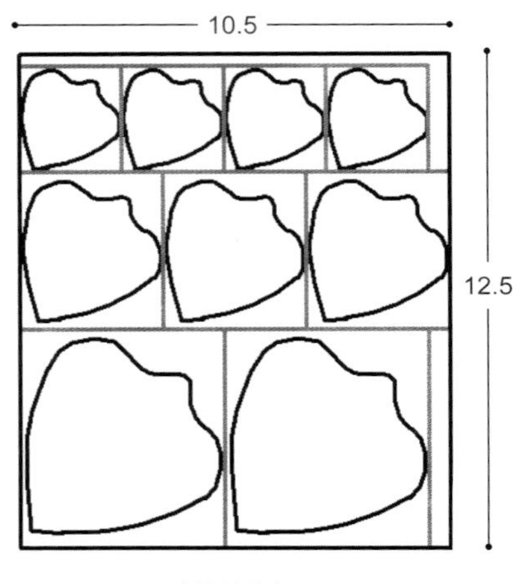

（節紗布）

HOW TO MAKE

製作花蕊

以鐵絲將30支水晶花蕊固定。長度為2cm（作法同花蕊製作（一）P.76）。

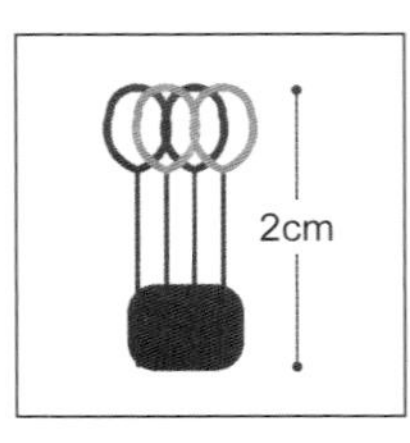

花瓣&花萼塑型

使用三莖鏝正、反面間隔燙製花瓣，花萼反面燙製後剪開中心。

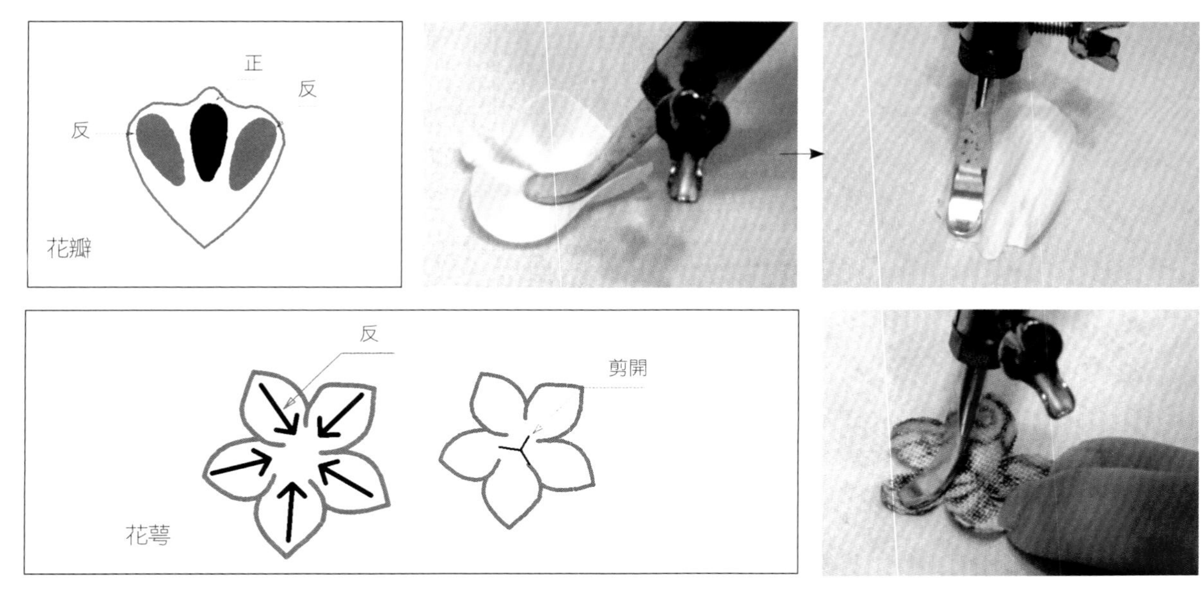

組合布花

1. 花瓣底部上膠，兩種布料間隔搭配。小花瓣共八片圍一圈，中花瓣共六片圍一圈。

2. 大花瓣共五片圍一圈，最後貼上花萼，剪掉多餘鐵絲，以熱熔膠黏貼鴨嘴別針圓台與花。

10 優雅仕女

（作品欣賞 P.24，紙型 P.159）

材料

印花棉布21.5×28.5cm
水晶花蕊 50 支
15mm保麗龍球×1
3mm麂皮飾帶40cm
鐵絲#26 1/2×5支
別針×1

工具

大瓣鏝

裁布圖（單位：cm）

依圖示裁剪花瓣＆葉子＆花心布＆花萼＆莖布。

- 花瓣：將10.5×28.5cm布片單剪花瓣十片。
- 葉子：將11×16.5cm布片裁成六等分，
  其中三片單剪成葉子。
- 花心布：將11×12m布片剪下3.5×3.5cm備用。
- 花萼：將11×12m剩餘布片單剪花萼一片。
- 莖布：將11×12m剩餘布片剪出寬1cm的布條，
  作為莖布備用。

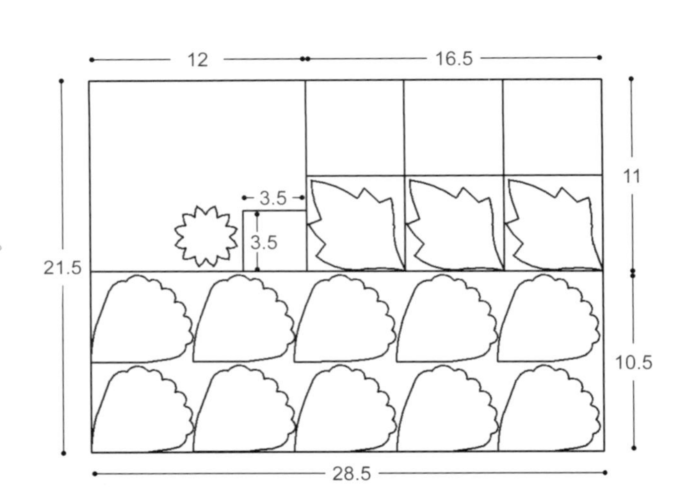

HOW TO MAKE

花瓣塑型＆黏合

1. 依圖示使用大瓣鏝燙製花瓣。

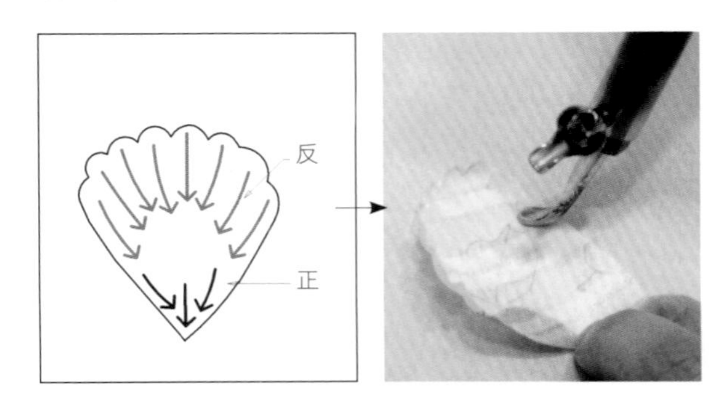

2. 每兩片以間距2cm於底部上膠，將花瓣黏貼一起，共作五組。

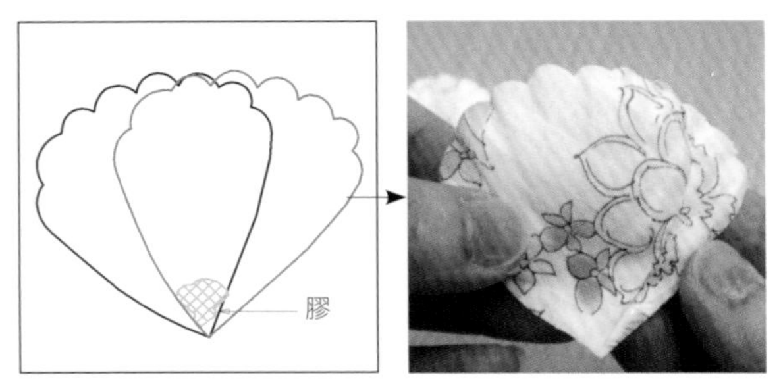

製作葉子飾帶

1. 麂皮飾帶剪三份不等長。

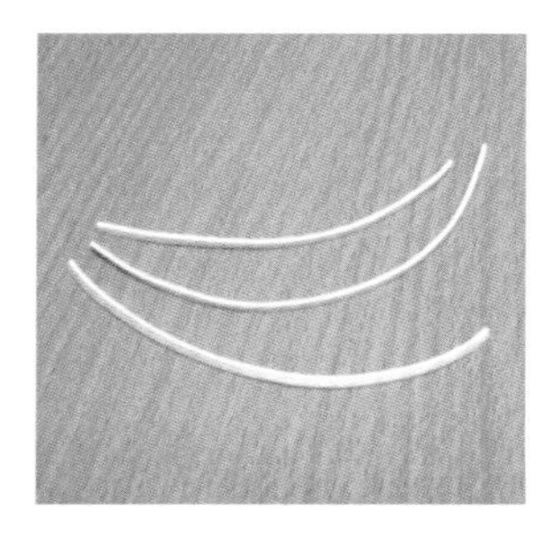

2. 單片葉子表面上膠，並於葉子1/2處黏上麂皮飾帶，再將另一方形貼其上，修型待乾。共作三支。

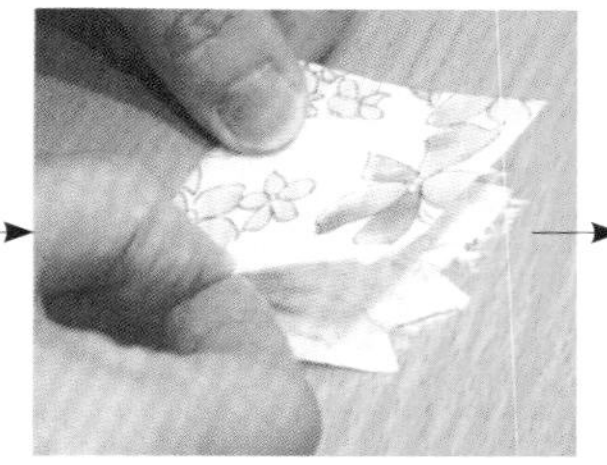

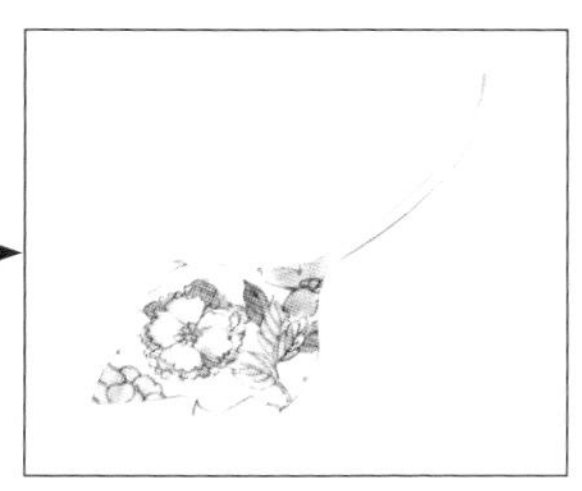

3. 依圖示使用大瓣鏝燙製葉片。

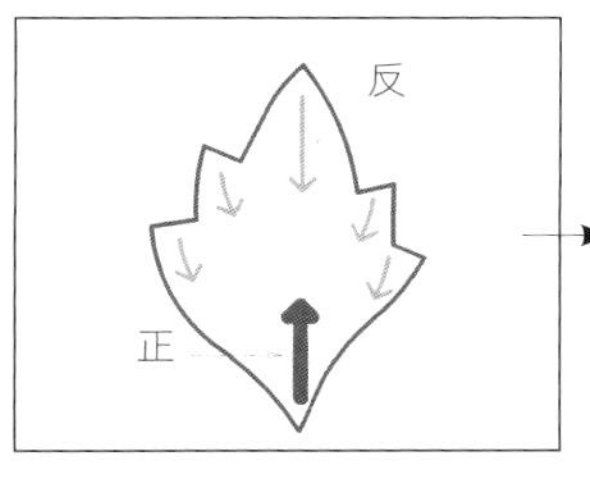

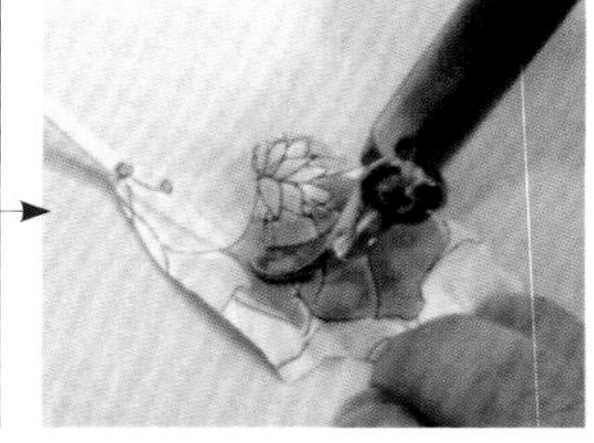

4. 距邊端0.5cm處以鐵絲綑綁固定3條麂皮飾帶。

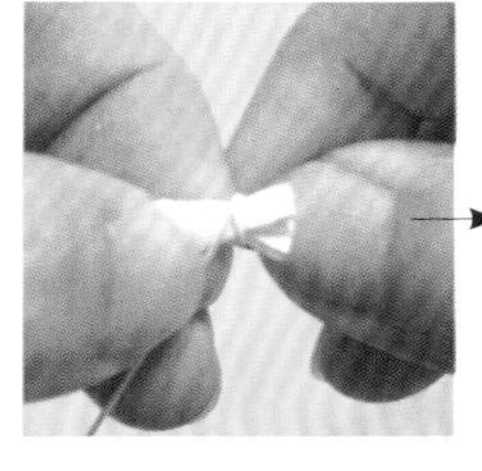

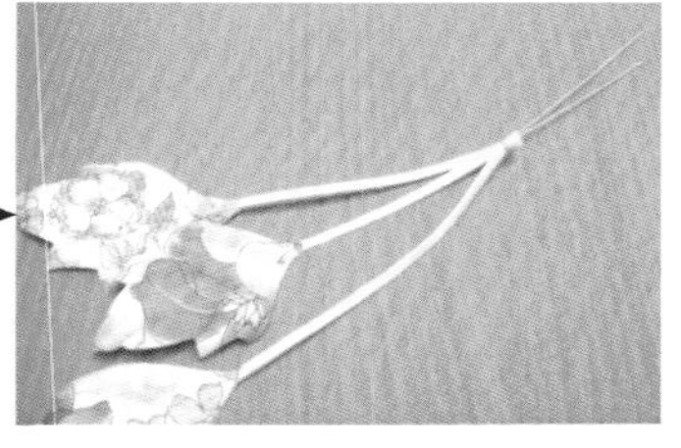

製作花蕊

1. 以鐵絲穿過15mm的保麗龍球，對摺後扭轉數圈固定。
2. 以3.5×3.5cm正方形花心布包覆保麗龍球表面，再剪掉多餘布料。
3. 鐵絲綑綁所有水晶花蕊，綑綁處上膠備用。
4. 將包布之保麗龍球放置於中心，展開花蕊。

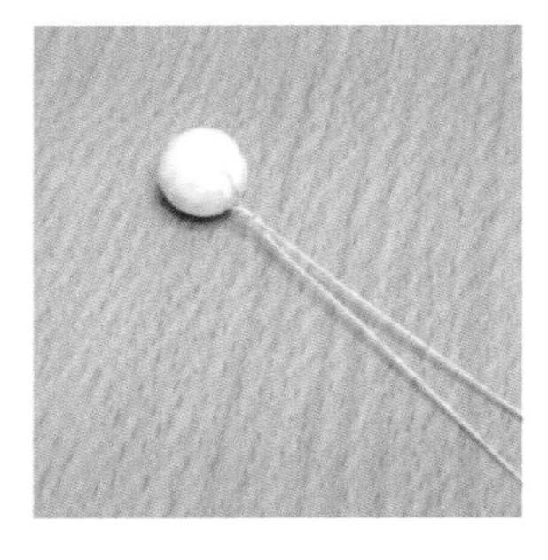

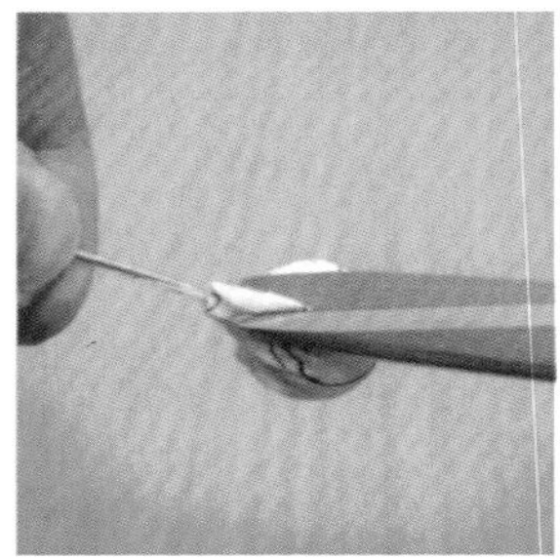

組合布花

花瓣底部上膠圍在花蕊外圍，再黏上穿入葉子飾帶鐵絲的花萼，鐵絲留5cm至6cm，將剩餘布料剪1cm寬作為莖布纏繞，最後加上別針。

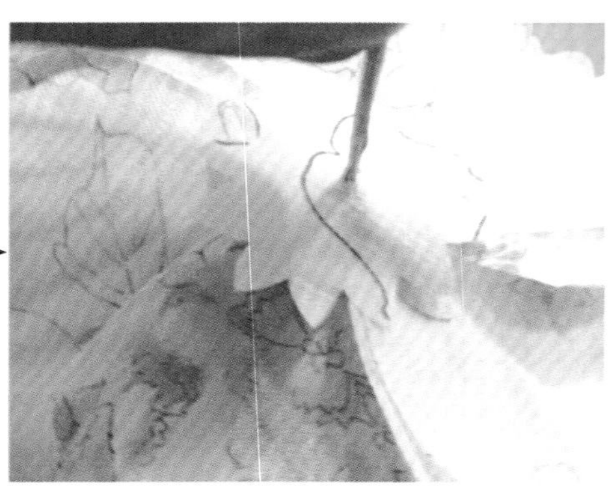

11 日式風花束

（作品欣賞P.26，紙型P.160）

材料

蕾絲繡花布15.5×15.5cm
節紗布11.5×11cm
玫瑰花蕊×120支
鐵絲#26 1/2×5支
別針×1

工具

大瓣鏝

裁布圖（單位：cm）

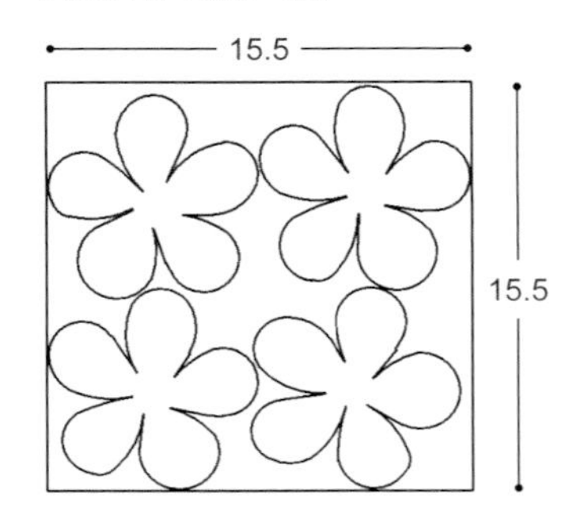

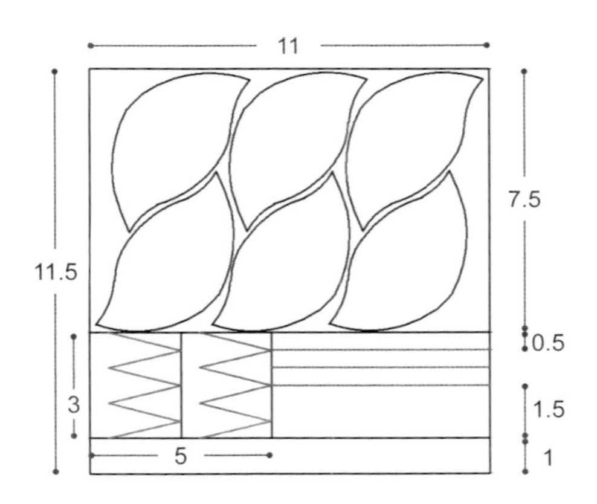

1. 蕾絲繡花布單剪花瓣四片。

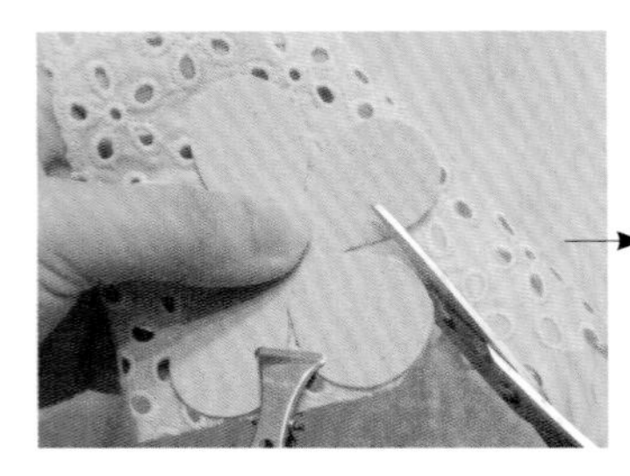

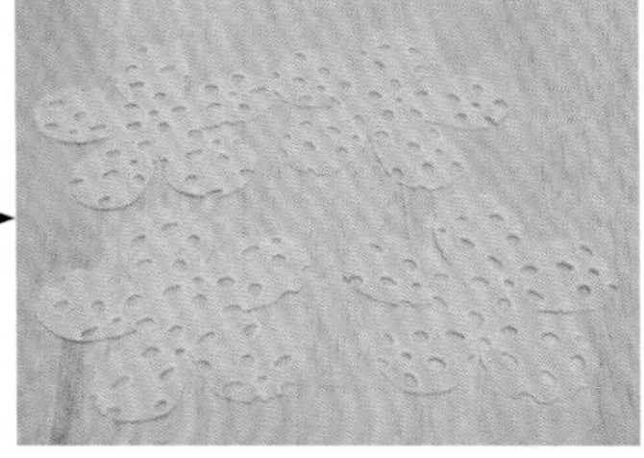

2. 依圖示裁剪節紗布。

・葉子：剪下7.5×11cm布片，單剪葉子六片。

・花萼：剪下3×5cm布片，單剪花萼兩片。

・莖布：其餘布片如圖示剪成寬度不等的條狀，作為莖布備用。

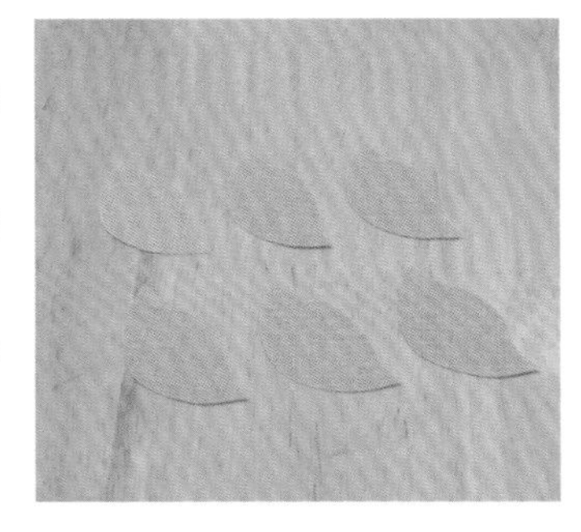

HOW TO MAKE

花瓣塑型

花瓣使用大瓣鏝正、反面燙製。

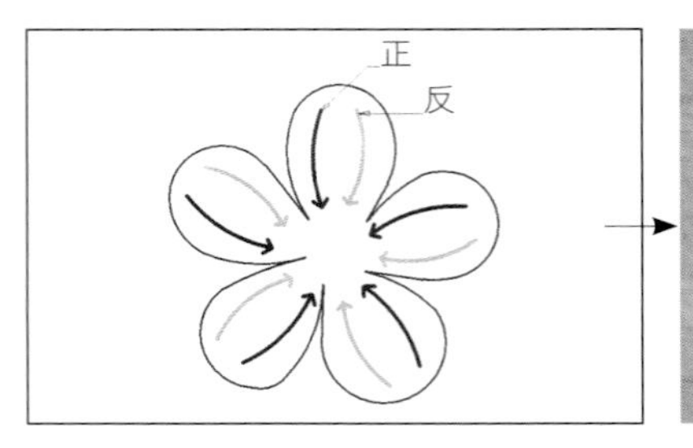

製作花萼

以剪刀將花萼鋸齒邊刮成弧形。

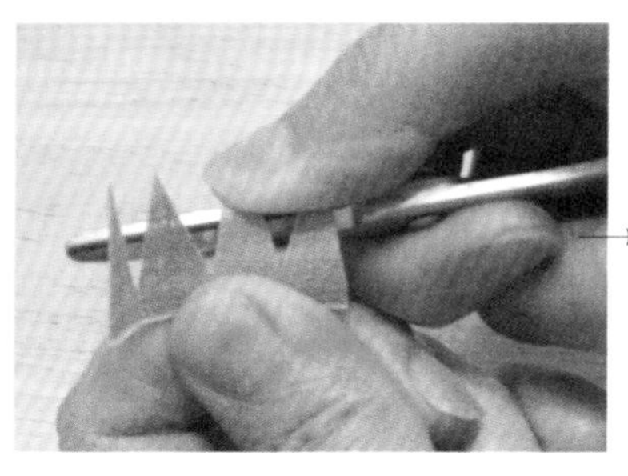

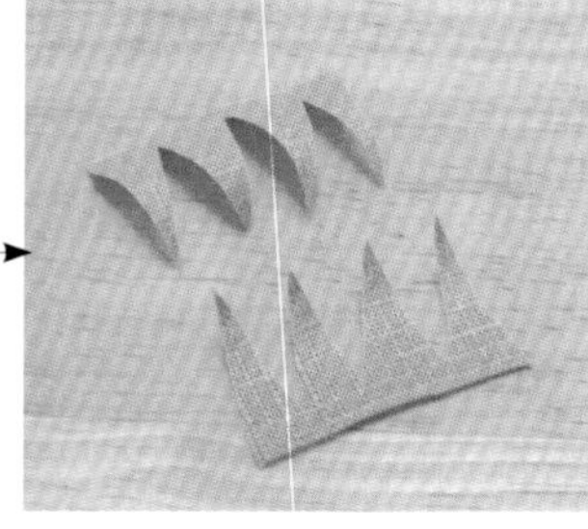

製作花蕊

以鐵絲將花蕊分成八十支、四十支兩束，長度為1.5cm（作法同花蕊製作（一）P.76）。

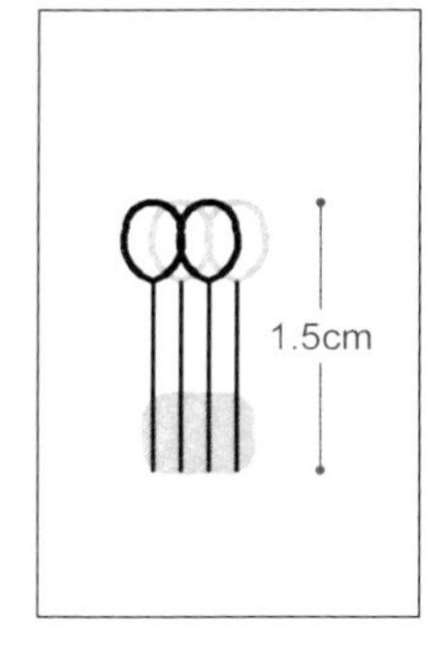

製作葉子

1. 在鐵絲上上膠，黏貼於葉上距葉端0.5cm，再覆蓋浮貼另一片，共作三支。

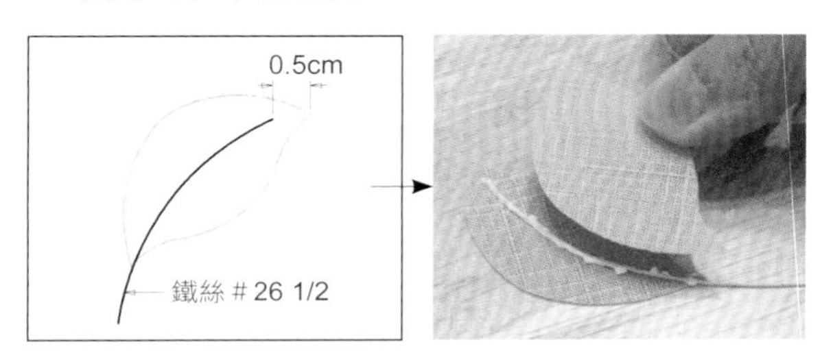

2. 同面兩邊以大瓣鏝由上往下燙製。

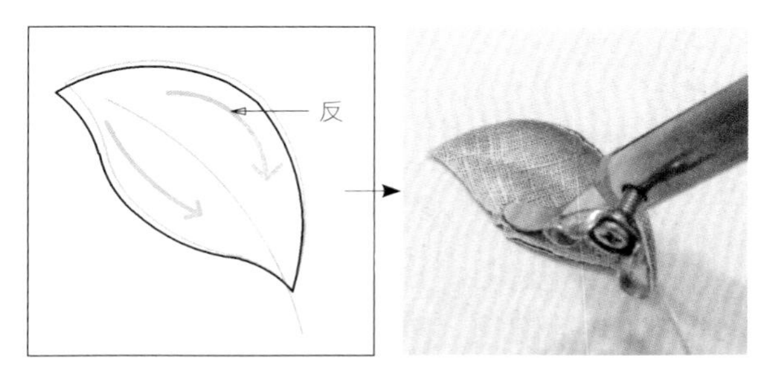

組合布花

1. 花瓣中心剪十字，上膠&穿入花蕊底部，捏緊後再套入第二片，第二朵作法相同。

2. 花萼底部上膠，黏貼於花的底部。

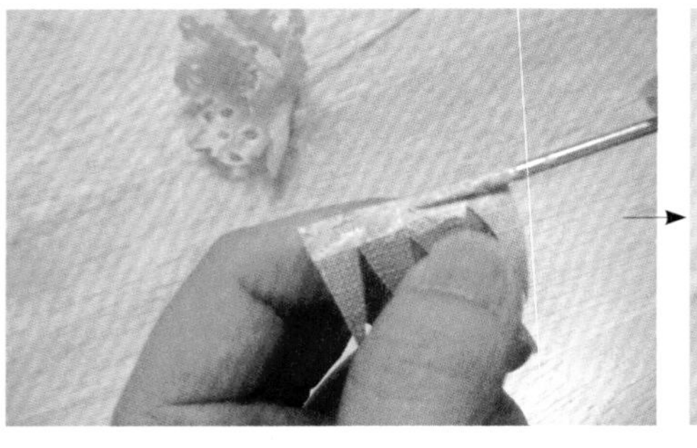

3. 分別以0.5cm寬的莖布於花萼與葉子下捲繞2cm至3cm。

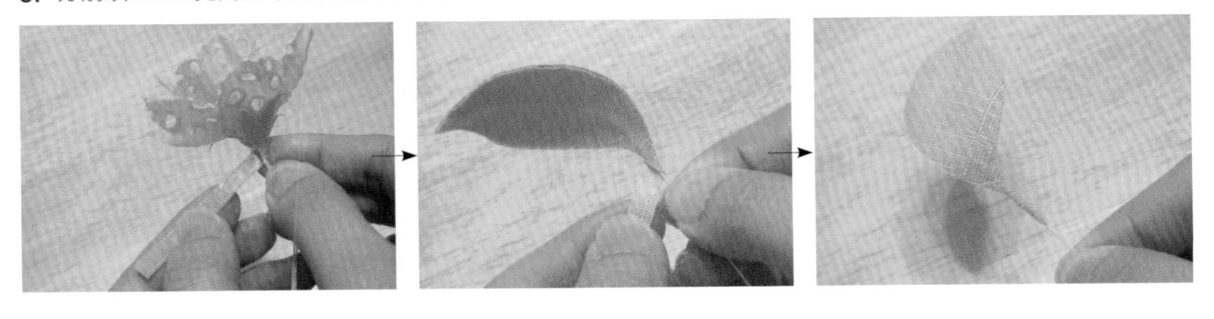

加裝別針

依圖示順序組合花與葉，鐵絲留5cm至6cm以1cm寬的莖布纏繞，最後加入別針。

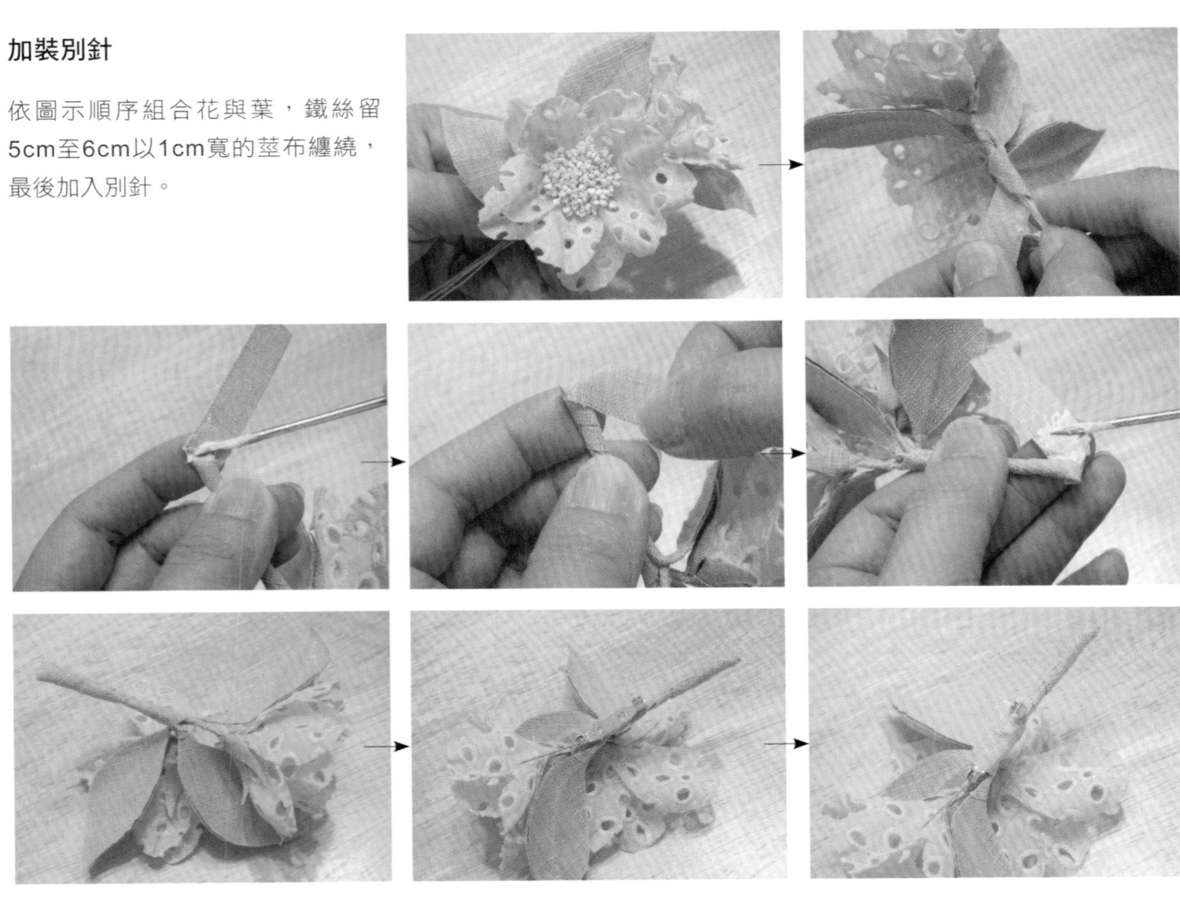

12 夏日狂想曲

（作品欣賞P.28，紙型P.160）

材料

合成皮7×14cm
棉布7×14cm
節紗布4.5×9cm
珍珠花蕊×30支
珠鍊×60cm
鴨嘴別針圓台×1個
鐵絲#26 1/4×1支

工具

小瓣鏝

裁布圖（單位：cm）

1. 7×14cm合成皮與棉布刷膠對貼，剪兩片花瓣，待乾。

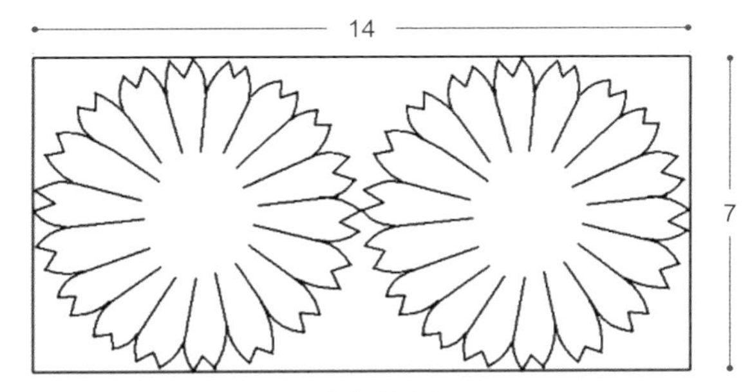

（合成皮·棉布）

2. 4.5×9cm節紗布單剪兩片花瓣。

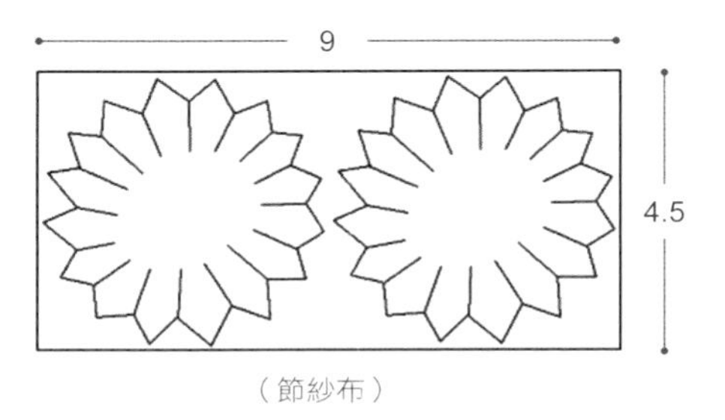

（節紗布）

HOW TO MAKE

花瓣塑型

花瓣背面以小瓣鏝依圖示燙製，中心剪十字。

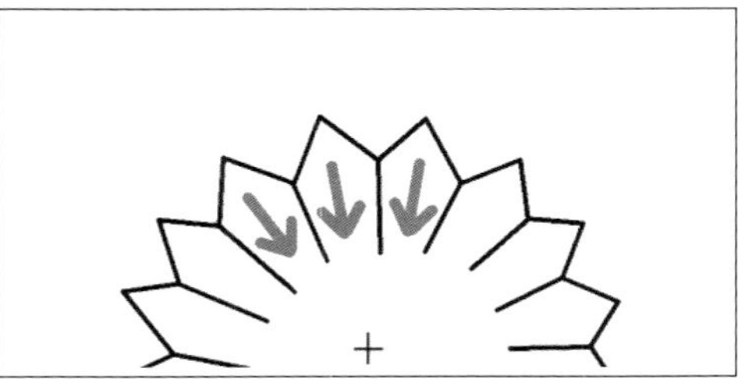

製作花蕊

以鐵絲將30支珍珠花蕊固定，長度為2cm（作法同花蕊製作（一）P.76）。

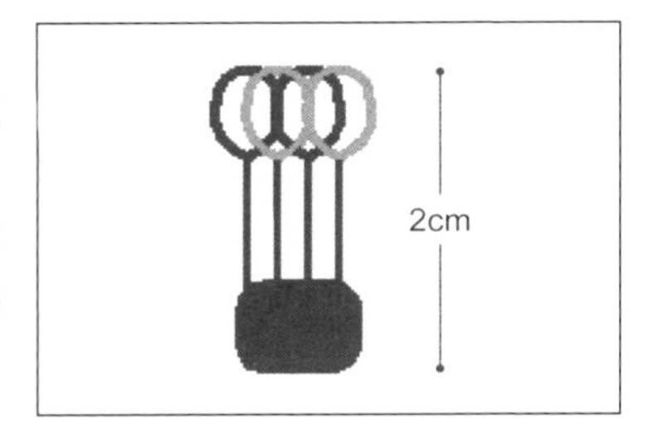

組合布花

組合花瓣，將珠鍊作垂墜造型，以熱熔膠黏貼於鴨嘴別針圓台上。

13 祕密花園

（作品欣賞P.29，紙型P.161）

材料

平織棉布（粉紅）7.5×10cm
平織棉布（綠）5×10cm
日本玻璃珠10顆
亮片×10個
蕾絲飾帶60cm
裸鐵絲150cm
鐵絲#26 1/3×5支
鐵絲#26 1/2×1支

※配色可依個人喜好自由變化，白瓣藍蕊的組合也很清新唷！

工具

一莖鏝

裁布圖（單位：cm）

依圖示裁剪平織棉布（粉紅）。

- 花瓣：剪下4×10cm布片，單剪花瓣十片。
- 莖布：剪下3.5×10cm布片，裁0.5cm寬布條三條、1cm寬布條兩條。

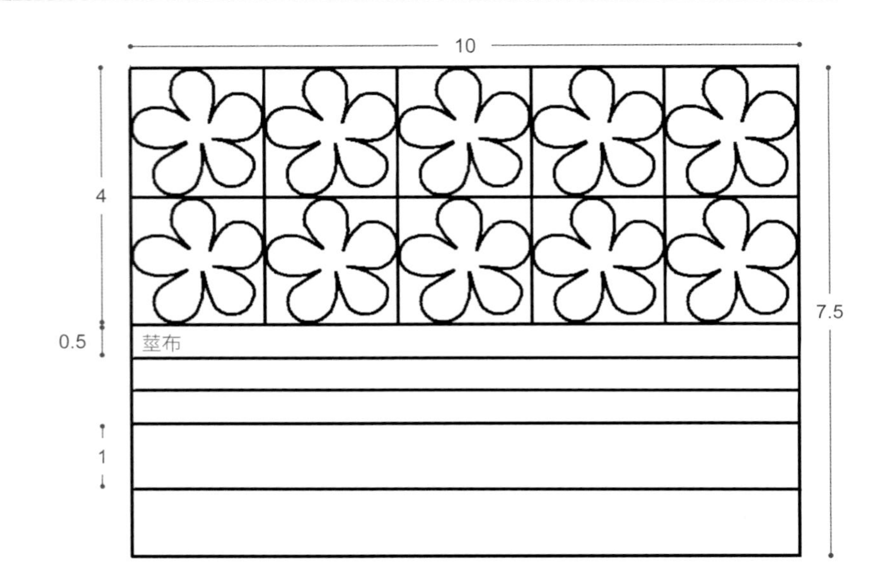

HOW TO MAKE

製作花朵

花瓣正面由外往內燙一莖鏝，中心以錐子打孔，再以15cm裸鐵絲依序穿珠、亮片、花瓣（上膠），尾端以紙捲包覆3cm至4cm。

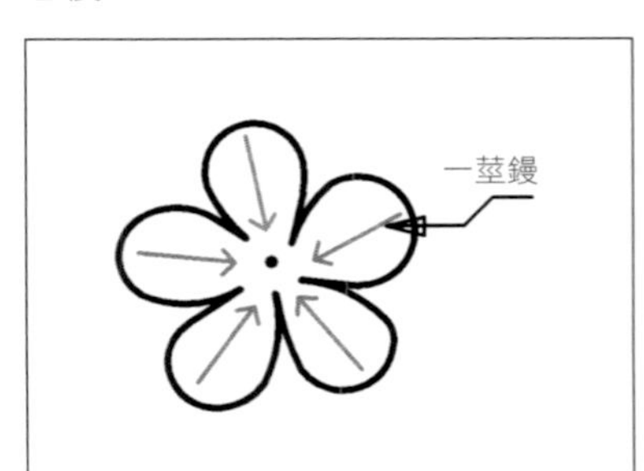

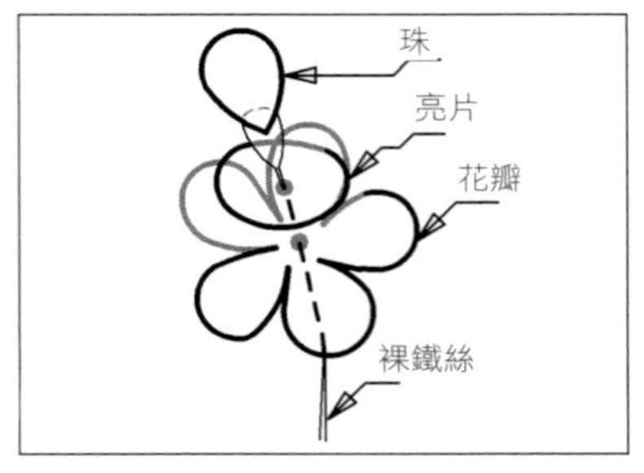

製作葉子

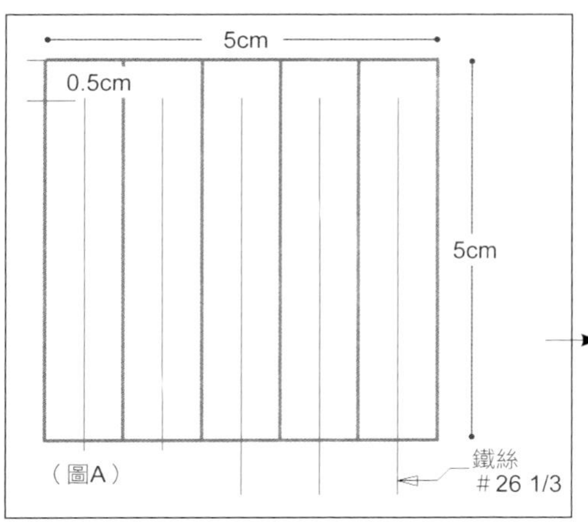

1. 平織棉布（綠）5×10cm對剪成5×5cm兩片，一片摺成五等分，將鐵絲上膠黏貼布上（如圖A），另一片全面刷膠（如圖B），再將A與B貼合。

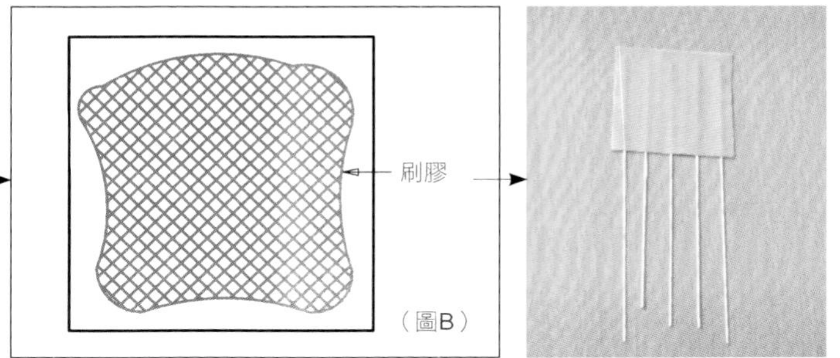

2. 剪成五片，每片上、下端修尖，燙一莖鏝。

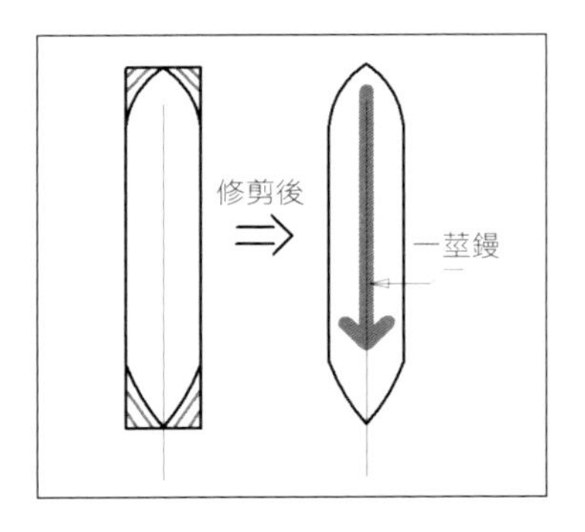

組合布花

1. 十朵花及五片葉子分成三組，各以0.5cm寬莖布捲繞3cm至4cm長。

2. 製作蝴蝶結飾帶（作法同蝴蝶結飾帶製作P.77）。

3. 組合花束，加入蝴蝶結飾帶，最後以1cm寬莖布捲繞4cm至5cm長，再加上別針，調整花型即完成。

14 臻愛密碼

（作品欣賞P.30，紙型P.160）

材料

亮緞14.5×17.5cm
4mm爪鑽×6顆
別針×1支
裸鐵絲30cm
鐵絲#26 1/3×3支

工具

小瓣鏝

裁布圖（單位：cm）

依圖示裁剪三瓣花片＆單瓣花片的用布。

・三瓣花片：將亮緞裁出6.5×15.5cm布片後，對半剪成兩片6.5×7.75cm布片備用。
・單瓣花片：將亮緞裁出兩片4×12cm布片備用。

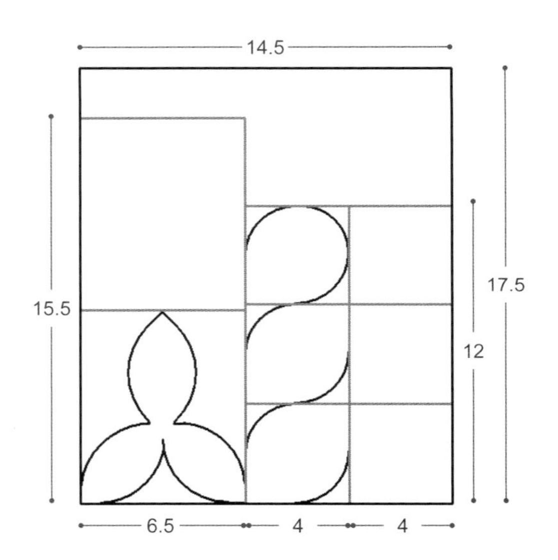

HOW TO MAKE

製作單瓣花片

1. 將一片4×12cm摺成三等分，黏上鐵絲後與另一片刷膠對貼。

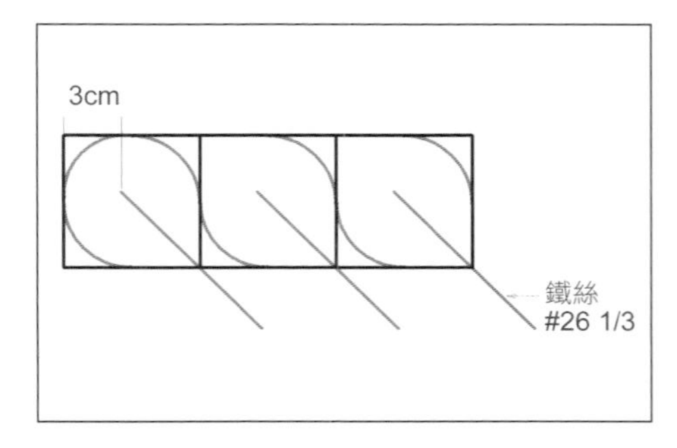

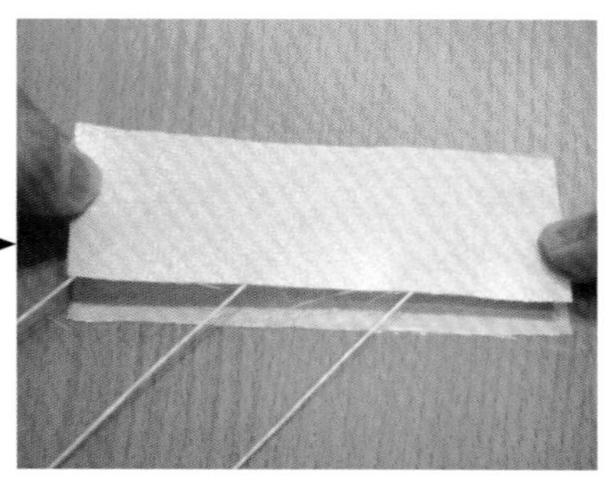

2. 三等分剪開後，兩片修剪成葉形（圖一），另一片修剪成水滴形（圖二）。

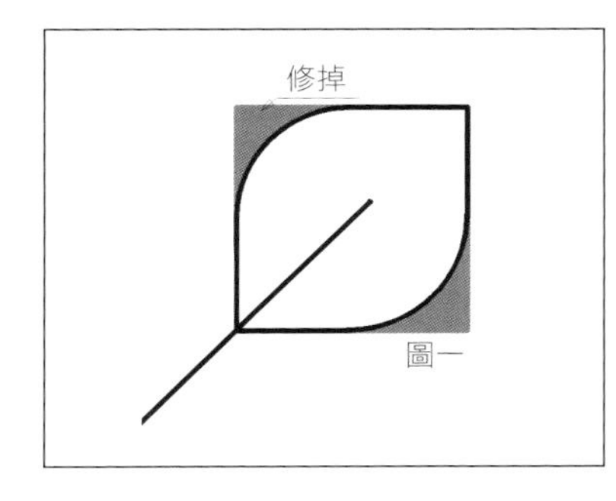

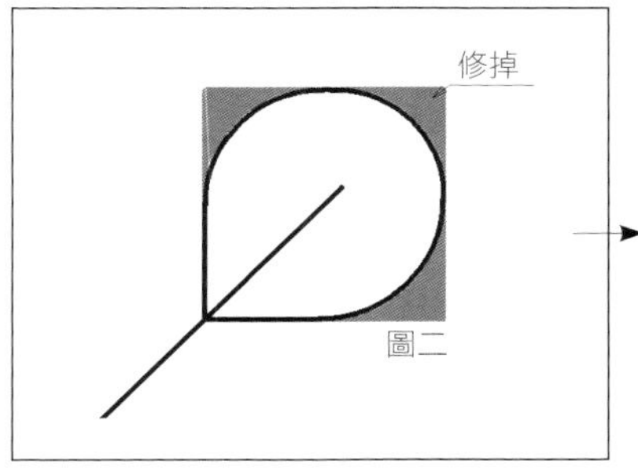

3. 請依圖示順序，花瓣使用小瓣鏝由頂端往下燙製成型。

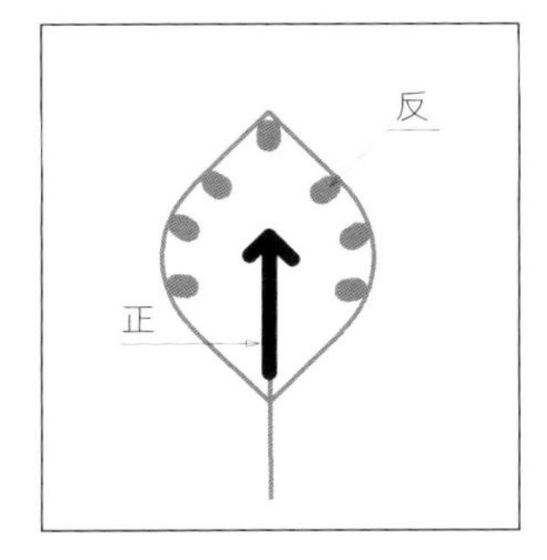

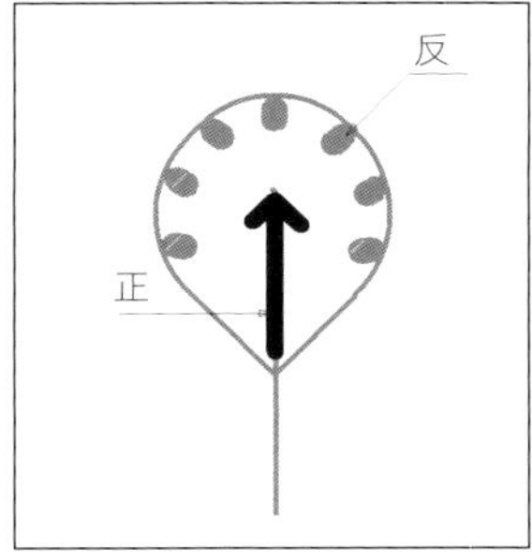

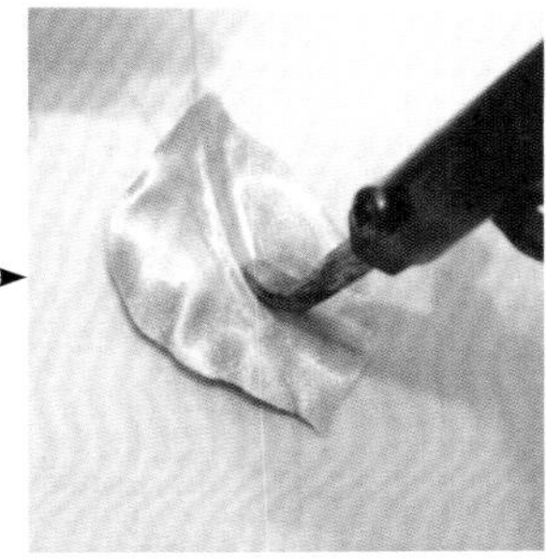

製作三瓣花片

兩片6.5×7.75cm相對黏合後，剪下1片三瓣花片。再依圖示方向，使用小瓣鏝燙製成型。

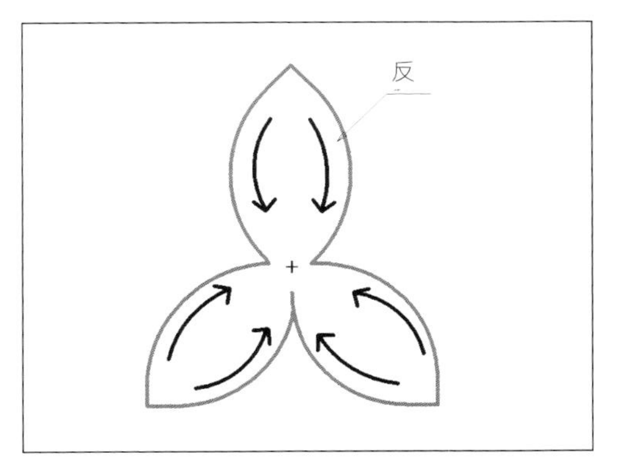

製作花蕊

裸鐵絲穿過水鑽固定。

組合布花

如圖組合花蕊＆三支單瓣花片，再套入三瓣花片以黏膠固定，剩餘布料剪1cm寬作為莖布，纏繞於上，調整花型，最後加入別針。

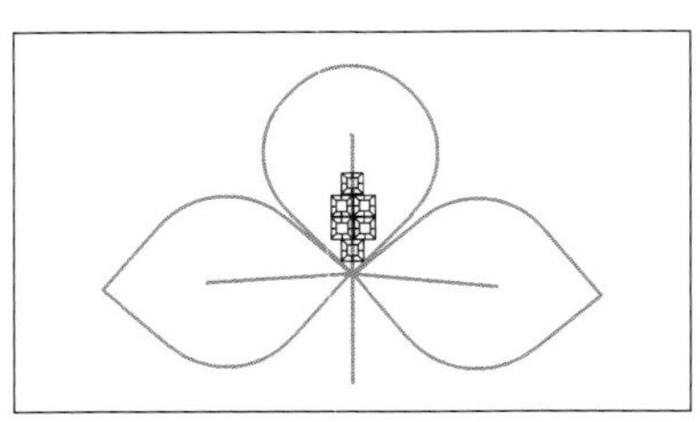

15 小花飾鍊

（作品欣賞P.33，紙型P.161）

材料

蕾絲布7×7cm
雲彩紗5×5cm
壓克力花片4個
水晶繩32cm
延長鍊頭1組

工具

捲邊鏝

裁布圖（單位：cm）

蕾絲布7×7cm單剪（如圖A）四片。
雲彩紗5×5cm單剪（如圖B）四片。

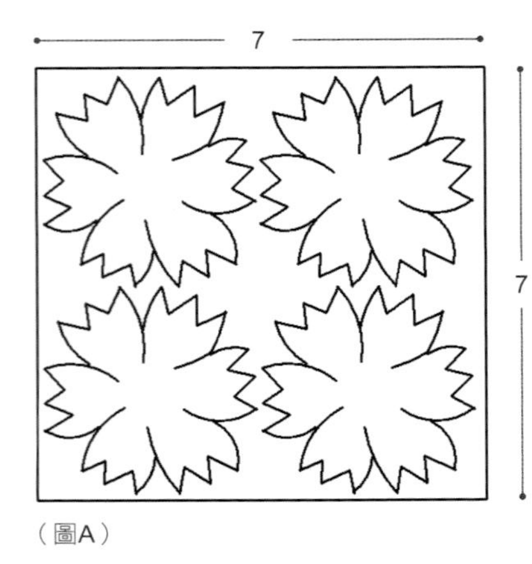

（圖A）

（圖B）

HOW TO MAKE

花瓣塑型

每片以捲邊鏝正、反燙製，完成後於中心剪十字。

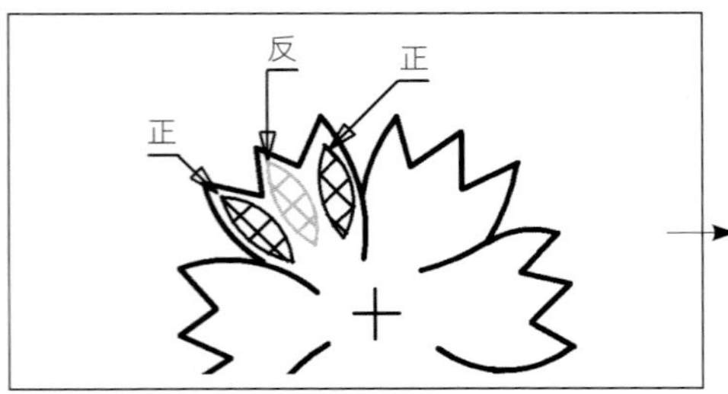

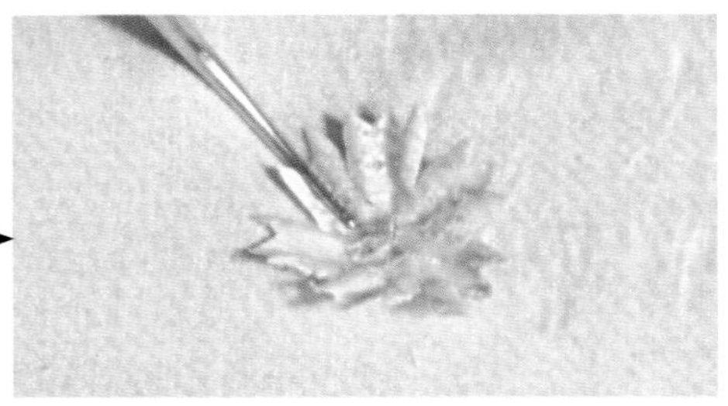

串接布花

水晶繩對剪一半，依序穿過大花瓣、小花瓣及壓克力花片，一條串兩朵，共作兩條。

加裝延長鍊

水晶繩兩端以保麗龍膠黏貼於延長鍊開口處，再以尖嘴鉗夾緊。

16 情竇初開

（作品欣賞P.35，紙型P.161）

材料

燒花布11×19cm
保利龍球花蕊×120 支
鐵絲#28 1/2×6支
4cmC型耳環一對

工具

二莖鏝

HOW TO MAKE

裁布圖（單位：cm）

燒花布裁出11×15cm單剪花瓣六片，其餘裁出莖布備用。

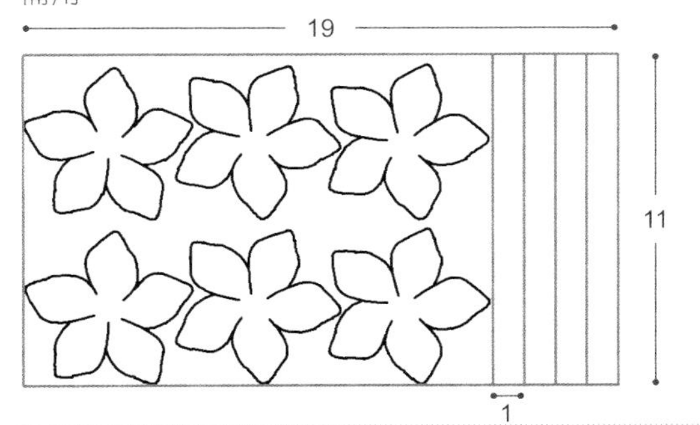

花瓣塑型

先以二莖鏝在花瓣背面由花緣往中心燙製，然後燙正面。每瓣燙法相同，最後於中心剪十字。

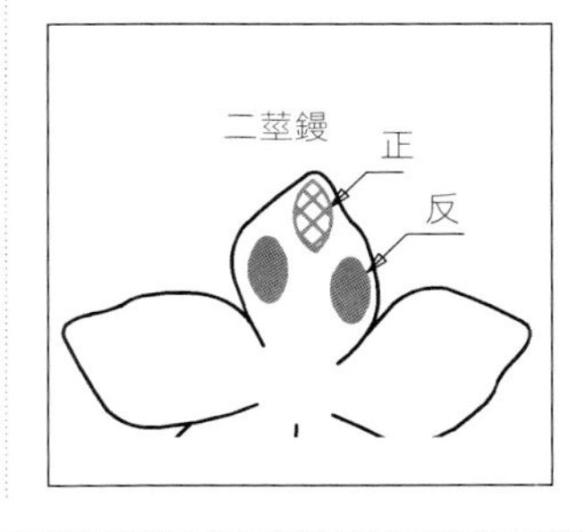

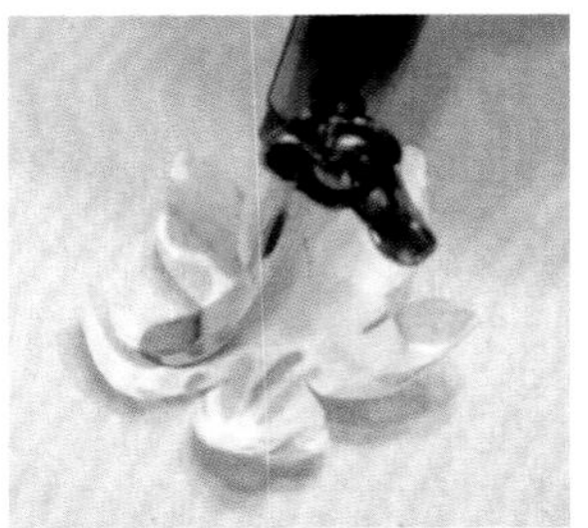

製作花蕊

將保利龍球花蕊分為六組，每組二十支。每組以一支鐵絲綁緊，外圍以紙捲固定1cm至2cm（作法參考花蕊製作（二）P.77）。

組合布花

燙好的一片花瓣中心上膠，穿過花蕊固定，共作六朵，分成兩組。

加裝耳環配件

先將C型耳環2cm處纏上紙捲，以剪1cm寬莖布於C型耳環2cm處纏繞0.5cm至1cm。再依序加入第一朵花纏上莖布2cm；加入第二朵花，纏上莖布2cm；加入第三朵花，纏上莖布。另一組作法相同。

17 青春學園

（作品欣賞P.36，紙型P.161）

材料

布（黑）10.5×17cm
布（白）10.5×17cm
3mm麂皮扁線80cm
鴨嘴別針圓台×1
鐵絲#26 1/2 ×1支

工具

中瓣鏝

裁布圖（單位：cm）

將兩布料各裁出2×17cm一條，
剩餘布料單剪花瓣各兩片。

HOW TO MAKE

製作花蕊

1. 2×17cm黑色布條對摺＆黏合下緣後，剪寬0.2cm深0.7cm鬚邊。

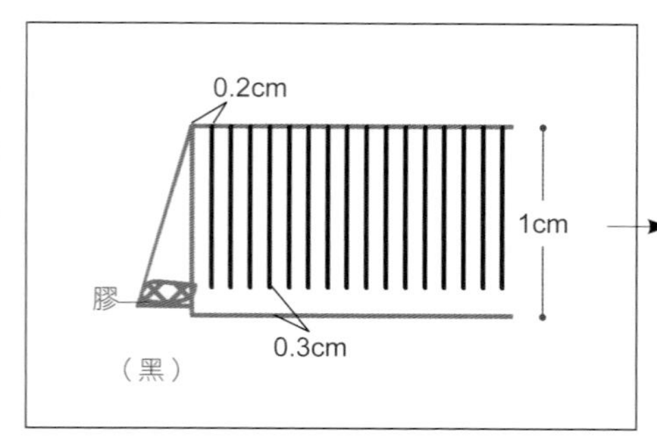

2. 2×17cm白色布條直接剪寬0.2cm深1.7cm鬚邊。

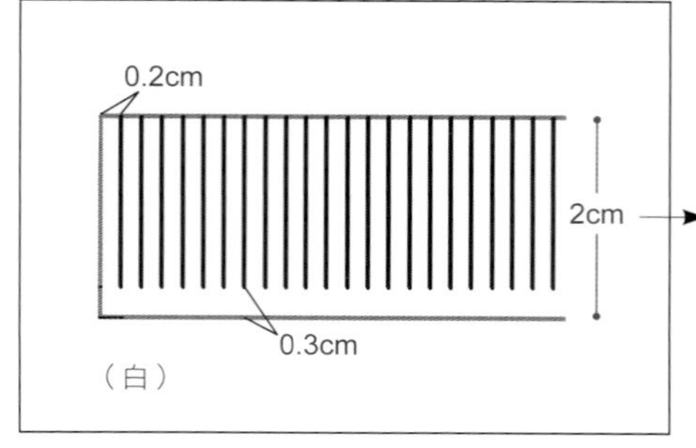

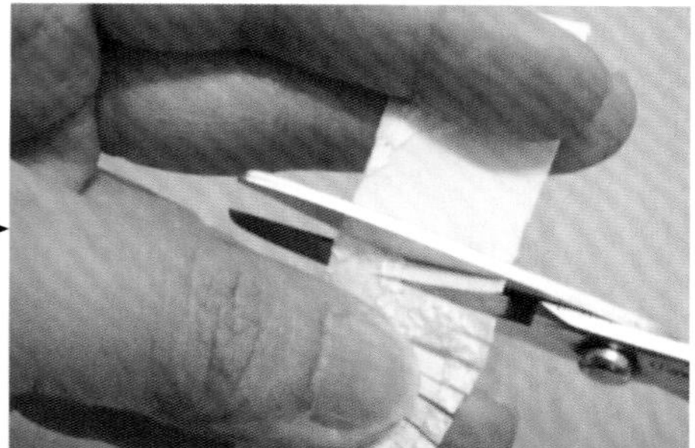

3. 鐵絲#26 1/2×1支摺彎勾住黑布條上膠捲成筒狀，再將白布條捲貼其外，作為花蕊部分。

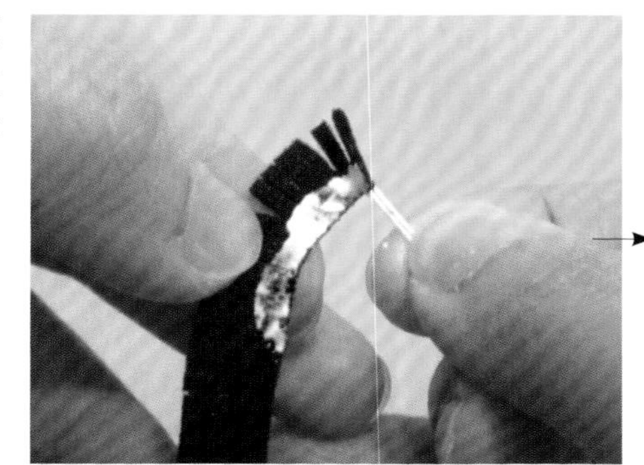

花瓣塑型

如圖，花瓣背面使用中瓣鏝由頂端往下燙製成形，共作四片。黑、白花瓣各一片在中心剪十字。

組合布花

1. 黑色花瓣中心上膠，先穿入作好的花蕊，再將白色花片由下穿過鐵絲，與黑色花瓣交錯重疊＆黏合固定。

2. 80cm麂皮繩線裁成不等長的兩條，兩尾端各自打結備用。剩餘的兩片花瓣各剪一半共四片，邊緣上膠包圍繩結端黏合。最後以熱熔膠將麂皮扁線作出造型，黏貼於鴨嘴別針圓台上，再加入花朵。

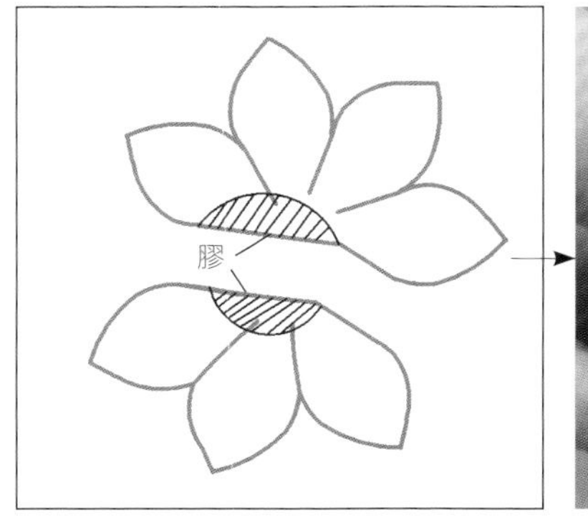

18 律動音符

（作品欣賞P.37，紙型P.161）

材料

節紗布11.5×20.5cm
印花布9×20.5cm
日本長管珠×21顆
6mm中孔鑽×7顆
0.5mm釣魚線56cm
鐵絲#26 1/3×10支
鴨嘴夾×1

工具

中瓣鏝

HOW TO MAKE

裁布圖（單位：cm）

兩種布料如圖示各單剪花瓣十片，節紗布11.5×20.5cm多剪一片花萼，其餘裁剪1cm寬莖布。

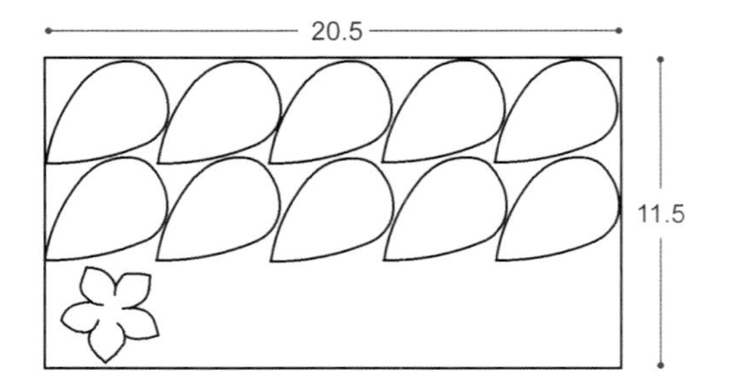

製作花萼

依圖示使用中瓣鏝燙製花萼，中央剪Y字形備用。

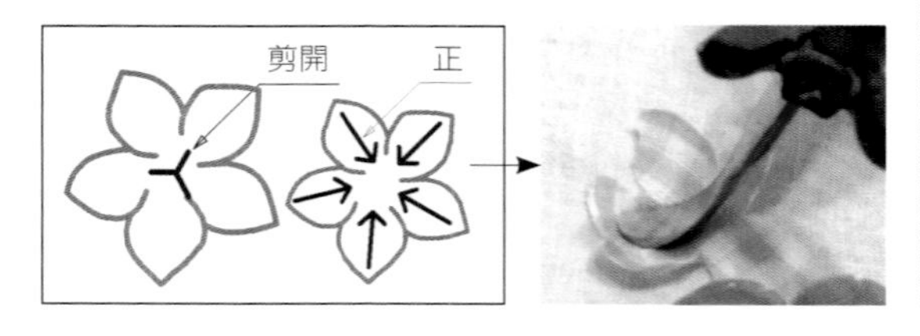

製作花瓣

1. 鐵絲上膠黏貼於距花瓣邊緣1.5cm處，再覆蓋浮貼另一片花瓣。並依圖示剪開深約1cm寬0.2cm的鬚邊。共作五支。

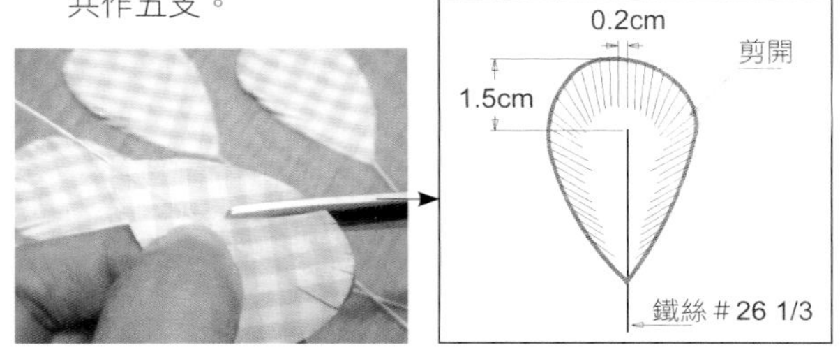

2. 花瓣依圖示使用中瓣鏝燙製。

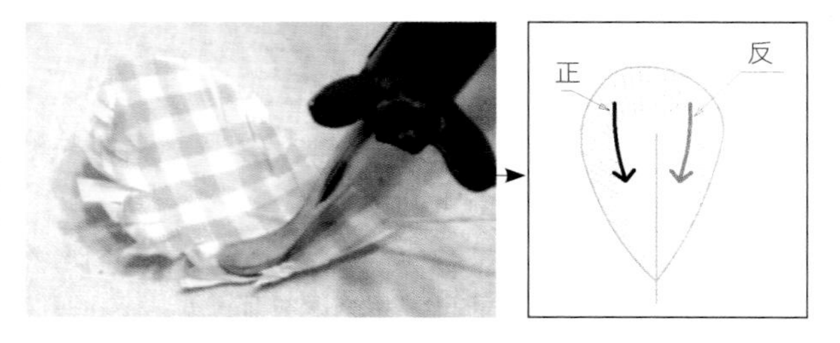

製作花蕊

將釣魚線剪成7支，每支前端使用打火機加熱後壓平，分別依序套入日本長管珠3顆、中孔水鑽1顆，共作七支，再以紙捲固定2cm至3cm。

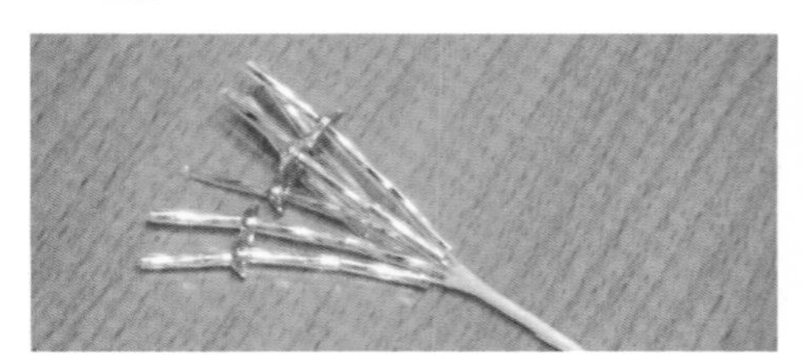

組合布花

花瓣底部上膠，以五片花瓣圍成一圈，另五片則間隙黏貼＆黏上花萼。鐵絲部分以紙捲固定2cm至3cm，剪去多餘鐵絲，以1cm寬莖布包覆在紙捲上。最後以熱熔膠固定鴨嘴夾，再以1cm寬莖布包覆鴨嘴夾。

19 月牙灣之夢

（作品欣賞P.38，紙型P.161）

材料

亮緞10×15cm

印花布11×15cm

長毛花蕊6支

鐵絲#26 1/4×1支

鴨嘴夾×1支

工具

刀鏝

HOW TO MAKE

裁布圖（單位：cm）

亮緞10×15cm單剪花瓣六片。印花布先剪1×15cm作莖布，再單剪花瓣六片。

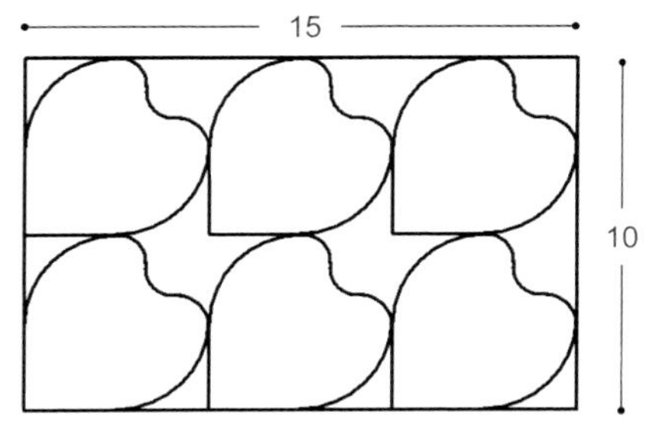

製作花蕊

6支長毛花蕊以鐵絲支綑綁固定後，再捲上3cm至4cm紙捲（作法參考花蕊製作（二）P.77）。

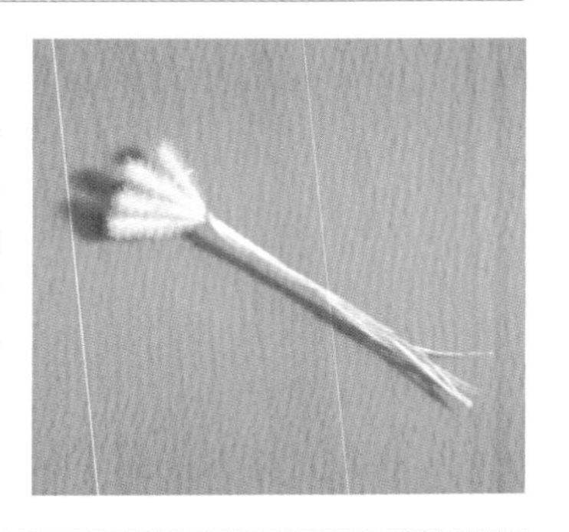

花瓣塑型

1. 每片均剪成鋸齒狀，深剪約1cm以上。

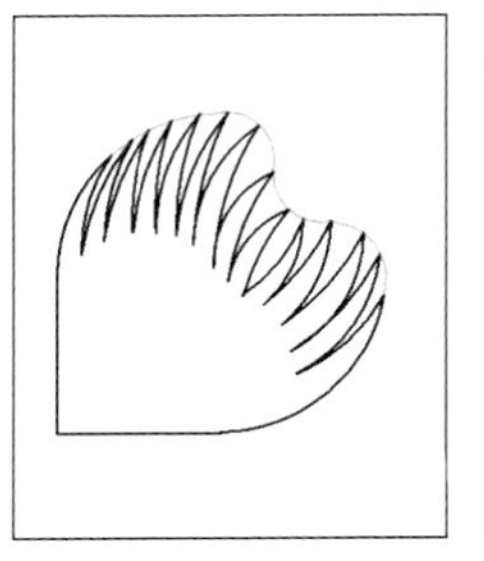

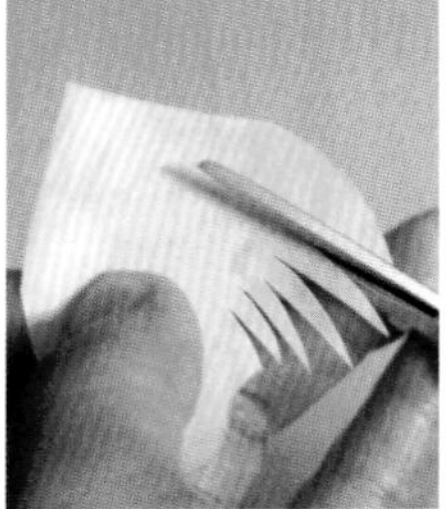

2. 每片花瓣表面以刀鏝由底部燙至1/2處，再利用剪刀柄使鋸齒部分隨意捲翹。

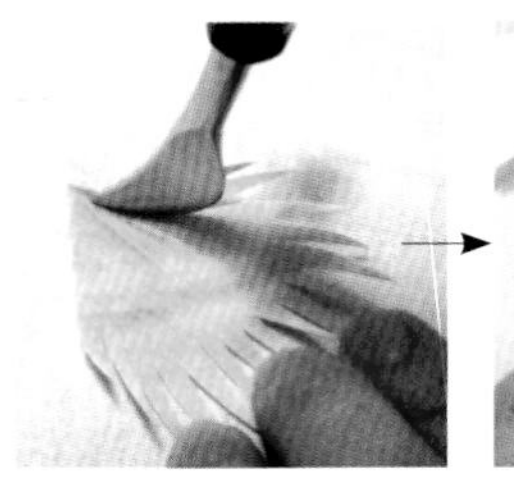

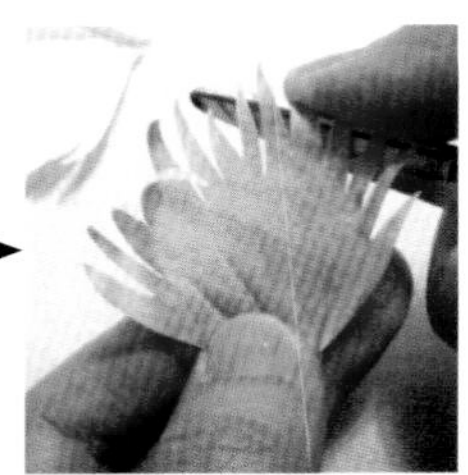

組合布花

1. 花蕊外圍依序加上花瓣：3片、3片、6片。

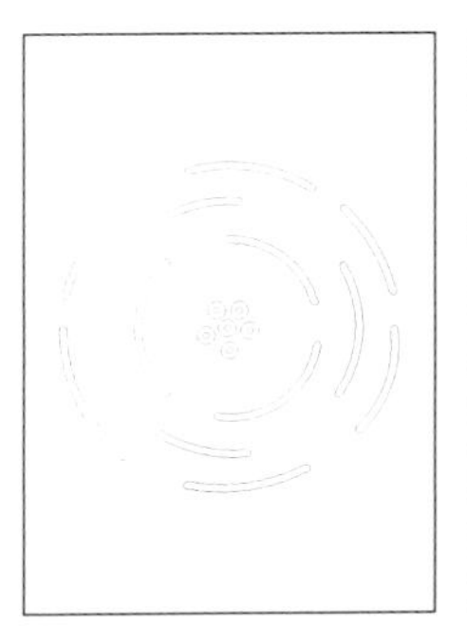

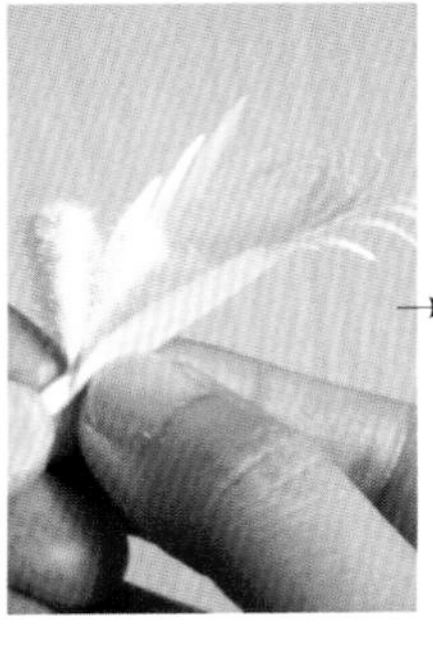

2. 鐵絲保留3cm左右，使用熱熔膠黏在鴨嘴夾上，最後包上莖布，調整花型。

20 復古年代

（作品欣賞P.39，紙型P.162）

材料

綢布7.5×39cm（髮箍部分參考尺寸）
綢布12×12cm（花朵部分參考尺寸）
3.5cm寬髮箍模型× 1個
1.5cm寬緞飾帶×100cm
鐵絲#28 1/3×3支

工具

大瓣鏝、針、線

裁布圖（單位：cm）

依圖示裁剪髮箍裝飾布＆花瓣。

・髮箍：將7.5×39cm的綢布對摺成7.5×19.5cm後，紙型摺雙邊對齊綢布摺邊，依紙型剪下髮箍裝飾布。

・花瓣：依圖示配置，將12×12cm綢布剪下大、中、小花瓣各兩片。

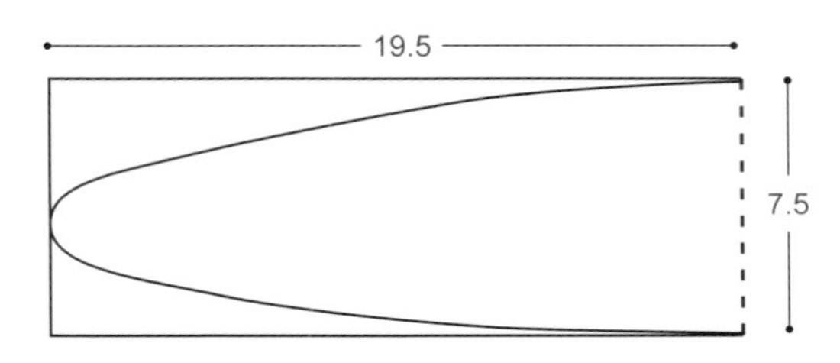

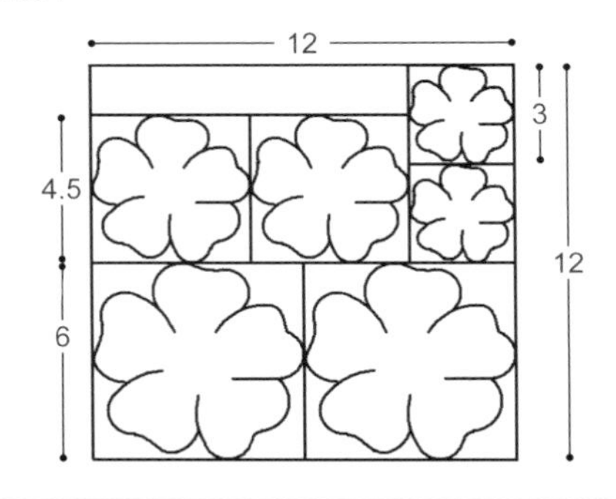

HOW TO MAKE

花瓣塑型

每片花瓣依圖示以大瓣鏝正、反燙製，完成後，小花瓣一片中心如圖一剪開，其餘如圖二剪十字。

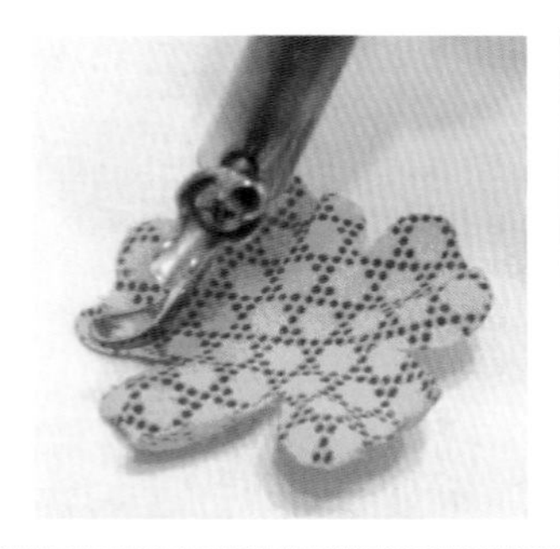

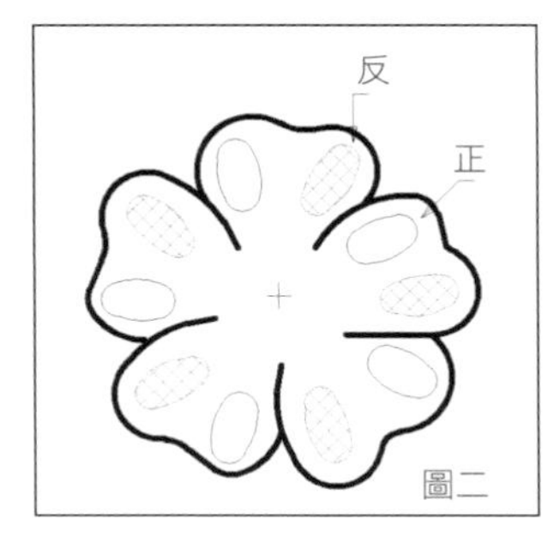

組合布花

將三支鐵絲對摺穿過剪兩道切口的小花瓣，上膠捏緊後，每片花瓣中心上膠，以小、中、大順序貼上。

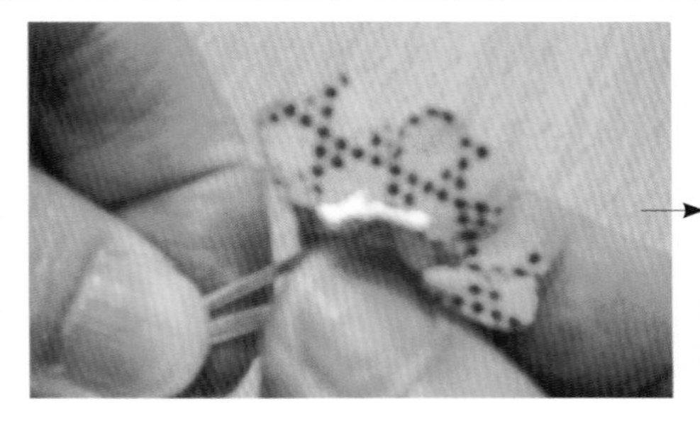

裝飾髮箍

1. 布料依髮箍模型裁出形狀，於髮箍模型內、外圍貼上雙面膠帶，將布先貼於內圈，再向外貼合。

2. 尾端上膠往外貼，再剪38cm緞飾帶貼於外圈，修飾接合處。

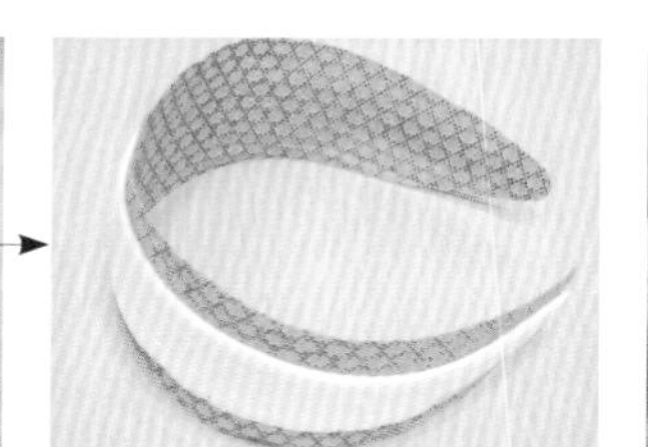

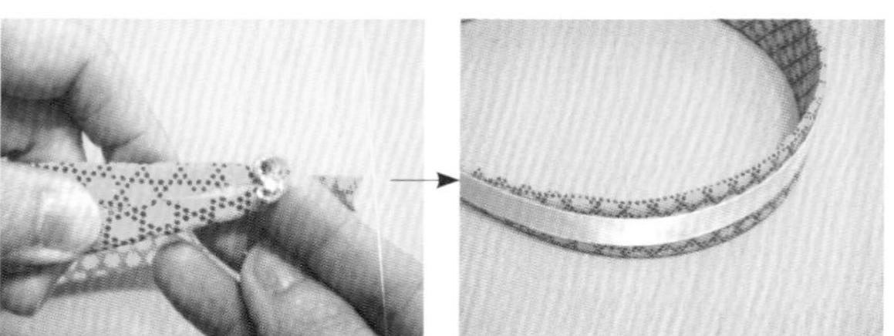

3. 剩餘緞飾帶依步驟作造型，再以縫針固定。

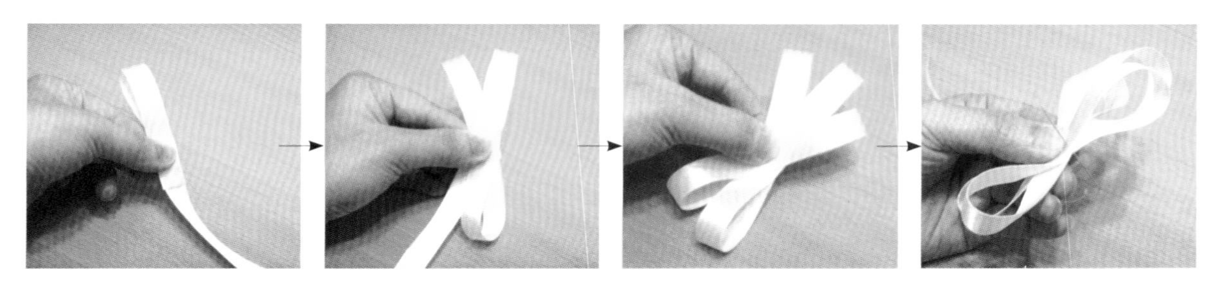

4. 縫線打結處塗上保麗龍膠，固定於髮箍的適當位置。

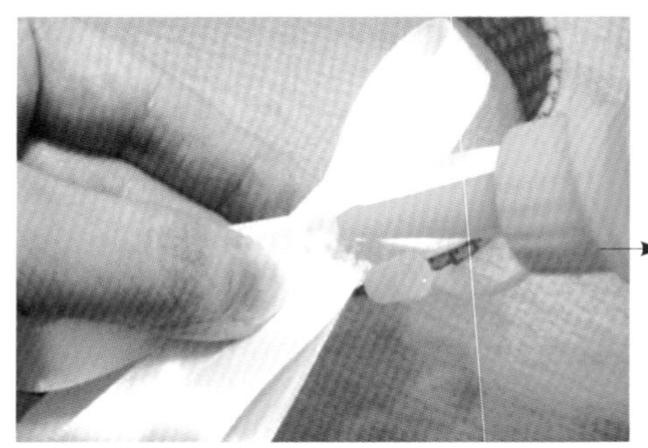

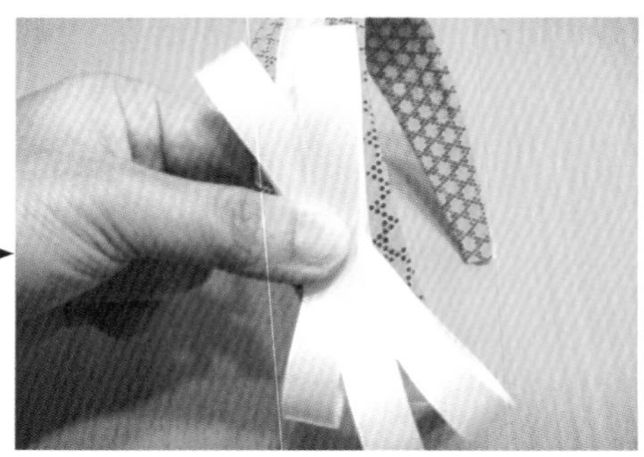

5. 將多餘鐵絲剪齊，以保麗龍膠固定於飾帶之上即完成。

21 提拉米蘇

（作品欣賞P.40，紙型P.163）

材料

絨布（髮箍部分參考尺寸）

1×39cm、0.5×39cm

絨布（花朵部分參考尺寸）

13×20.5cm

花蕊×3支

0.6cm寬髮箍模型×1個

鐵絲#26 1/3×2支

工具

三莖鏝

裁布圖（單位：cm）

依圖示裁剪花瓣＆葉子＆莖布的用布。

・花瓣：將布裁出兩片4×12cm布片備用。

・葉子：將布裁出兩片6×6cm、兩片6.5×6.5cm備用。

・莖布：將布裁出一條1×14cm作為莖布備用。

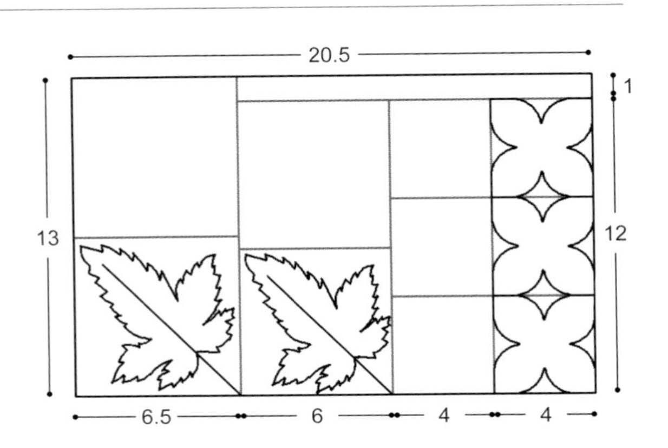

HOW TO MAKE

製作花瓣

1. 將兩片4×12cm布片黏合＆剪成三等分的正方形。

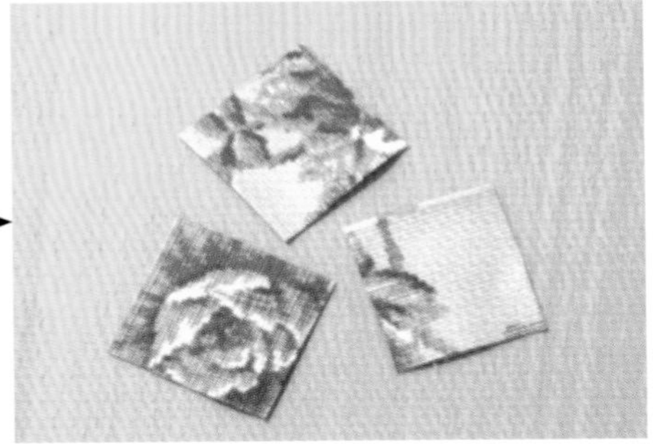

2. 四邊各剪一道距中心點0.5cm的切口，中心點剪十字，再將花瓣兩邊修圓成葉子形狀。

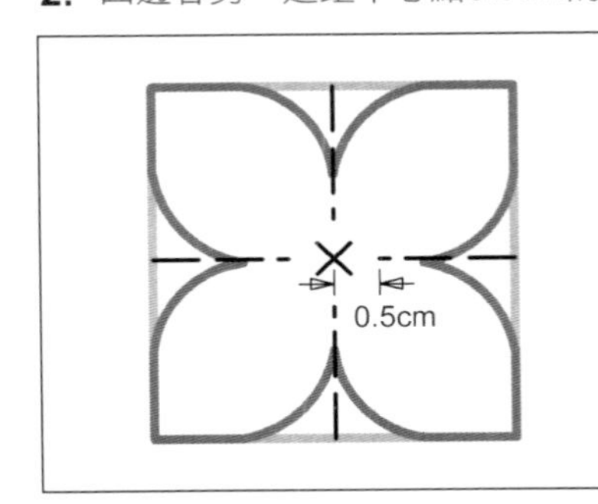

3. 依圖示燙三莖鏝。

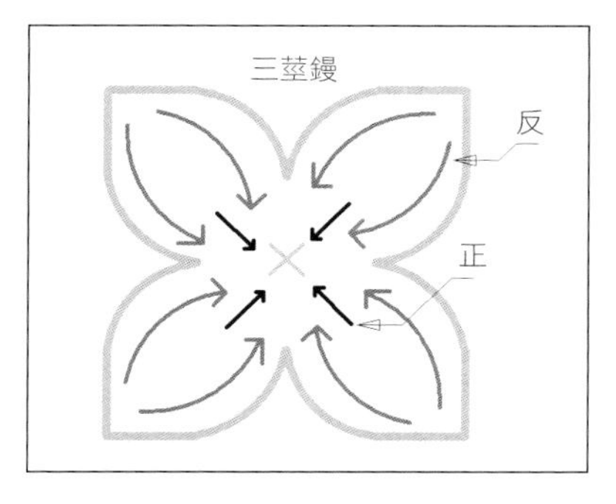

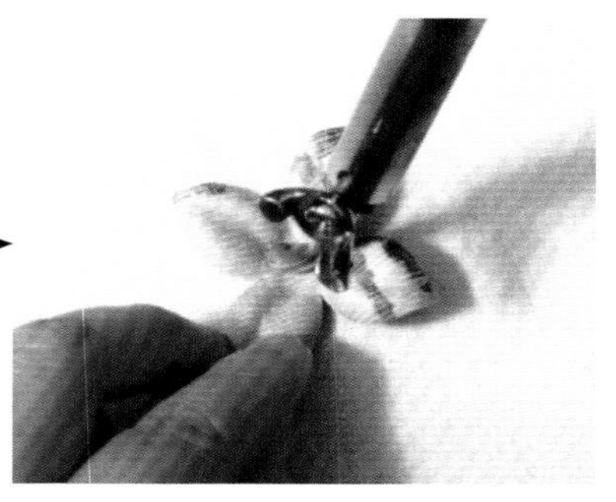

製作葉子

1. 邊長6cm & 邊長6.5cm的布片先各取一片依紙型剪下葉子形狀，上膠後黏上鐵絲&另一同尺寸葉子布，再修剪成葉形。

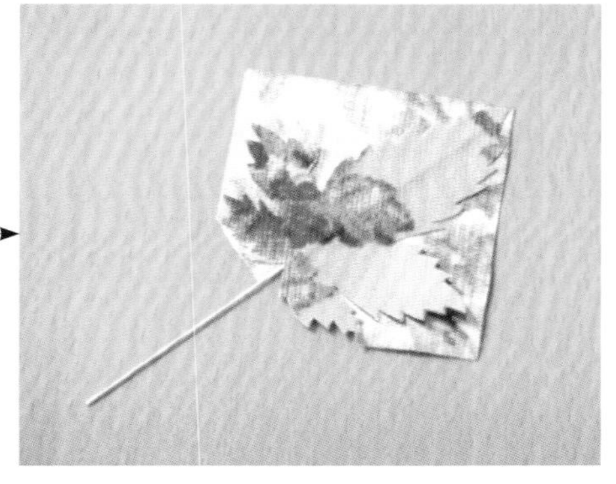

2. 依圖示，燙三莖鏝。

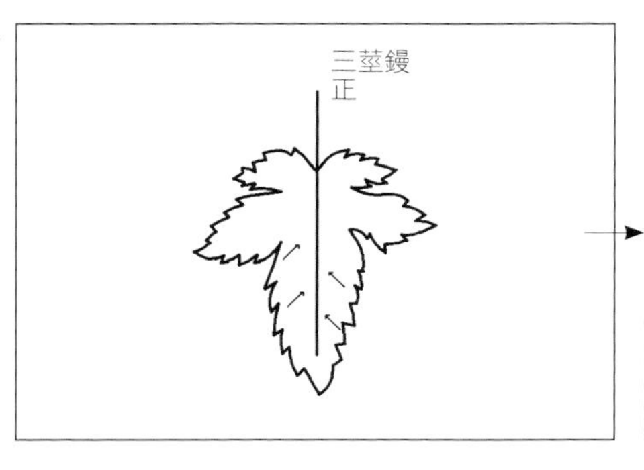

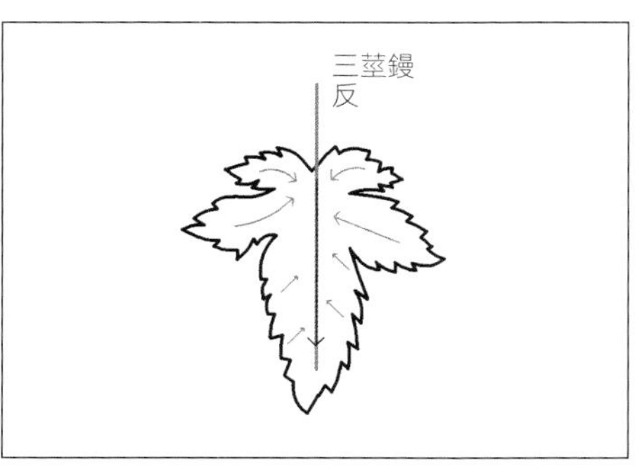

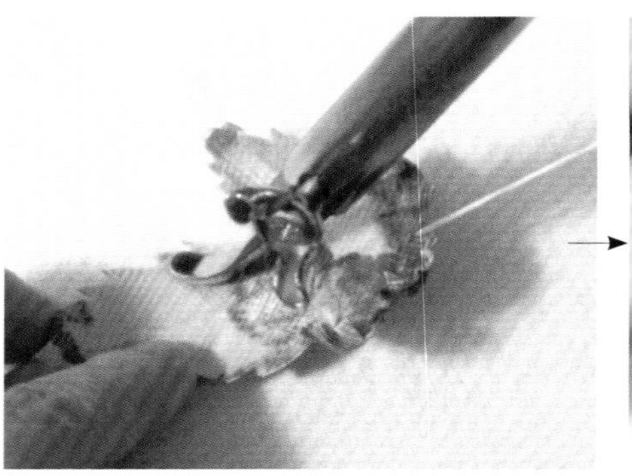

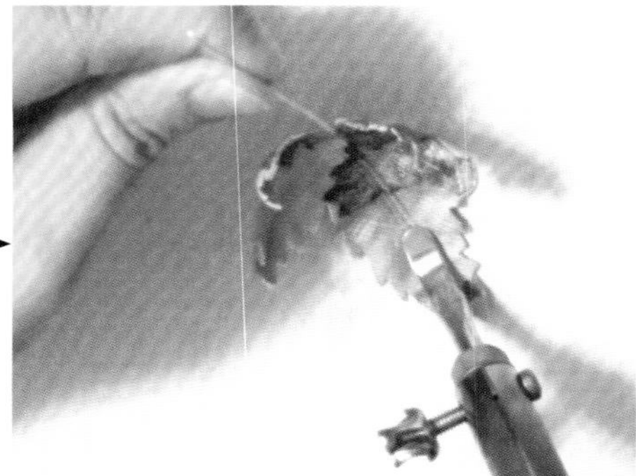

組合布花

1. 於花瓣中心上膠，黏貼於花蕊周圍，共作三朵。

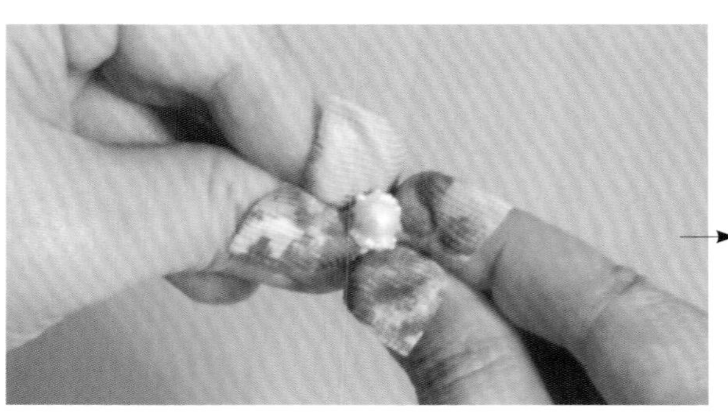

2. 將花與葉組合一起，使用紙捲固定1cm至2cm。

裝飾髮箍

1. 髮箍模型外圍捲上紙捲之後，上面覆蓋雙面膠帶。

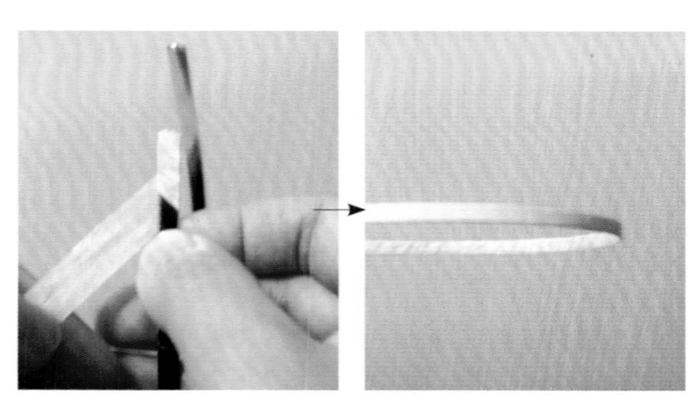

2. 將絨布1×39cm前端留1cm，黏貼在髮箍上，左右多餘布邊往內貼合。

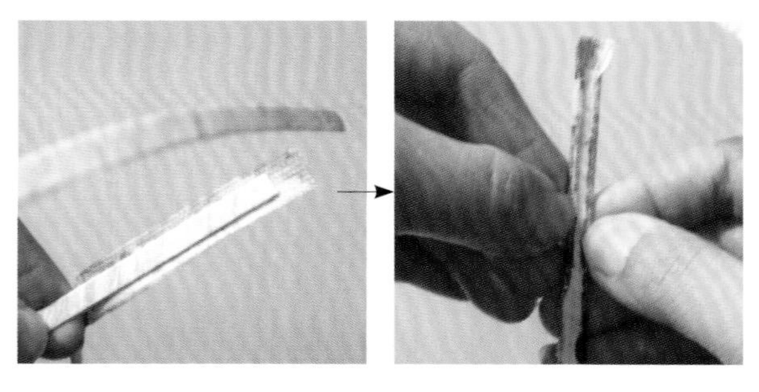

3. 內圈上膠，黏上絨布0.5×39cm。

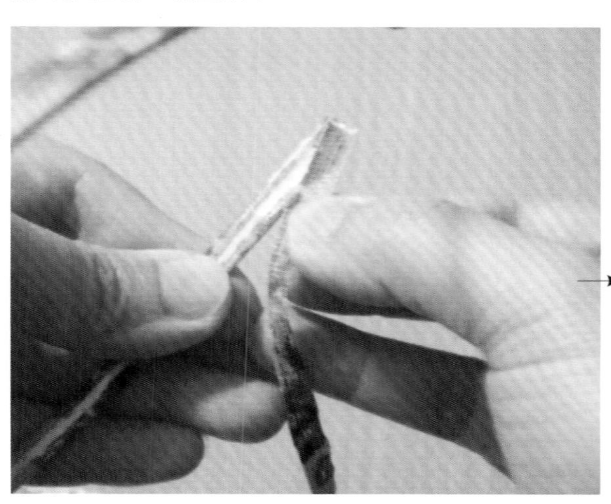

4. 以熱熔膠固定於髮箍適當位置，並以1cm莖布纏繞，調整花型。

22 吉祥如意

（作品欣賞P.41，紙型P.163）

材料（一對）

印花布（綠）10×11.5cm
棉布（白）2.5×5cm
棉布（綠）4×8cm
1.5cm包釦×2顆
鞋夾片×2個

工具

七分圓鏝、針、線

HOW TO MAKE （以下只製作其中一朵，另一朵作法相同。）

製作花蕊

1. 棉布（白）2.5×5cm單剪兩個直徑2.5cm圓，再於距離布緣0.2cm處縮縫包住包釦。

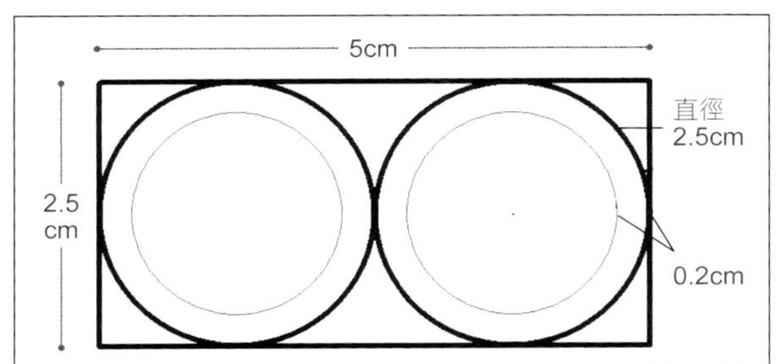

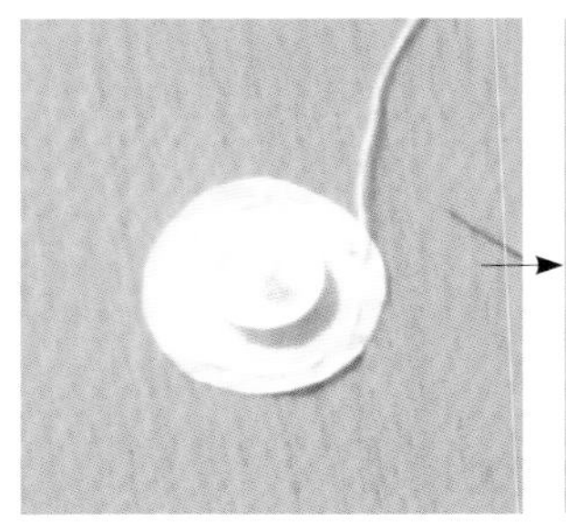

2. 棉布（綠）單剪兩片後，在中心剪十字，四個角以七分圓鏝由外往內燙。

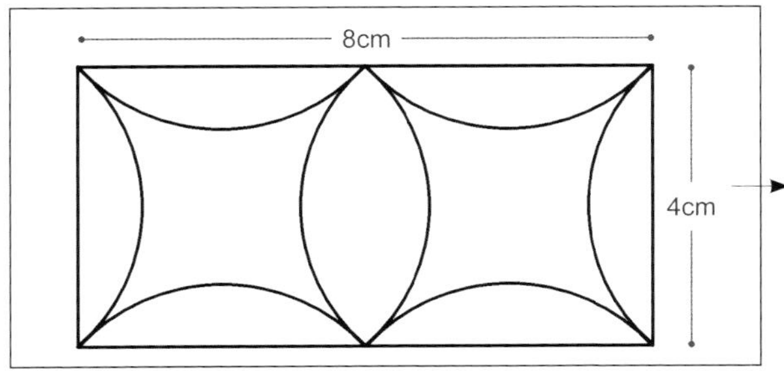

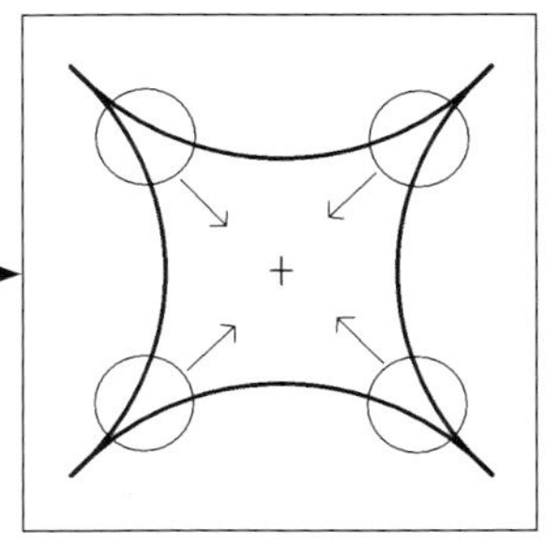

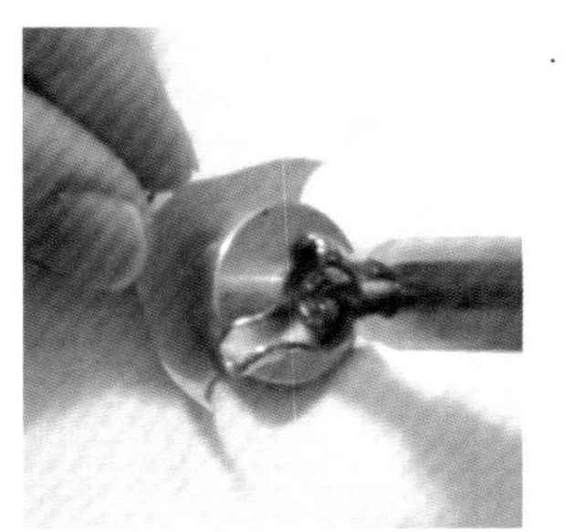

3. 將包釦黏貼在綠色花蕊布中心。

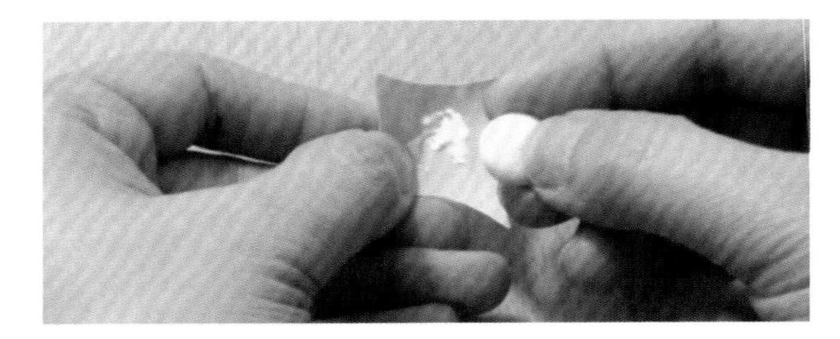

製作花瓣

1. 印花布裁下10×10cm單剪花瓣四片，再將餘布剪下兩片1.5×2.5cm備用。

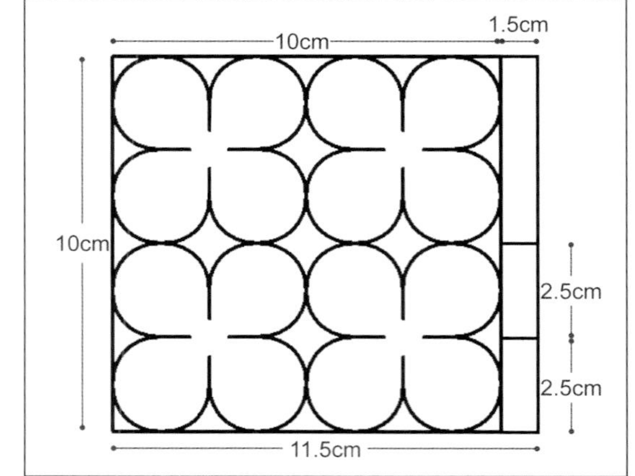

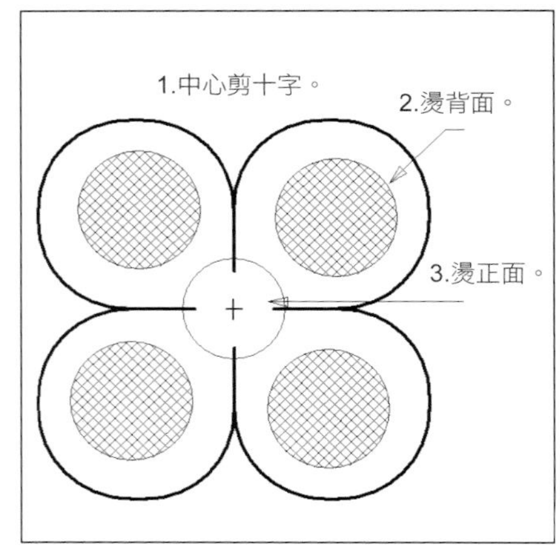

2. 以七分圓鏝依圖示燙製。

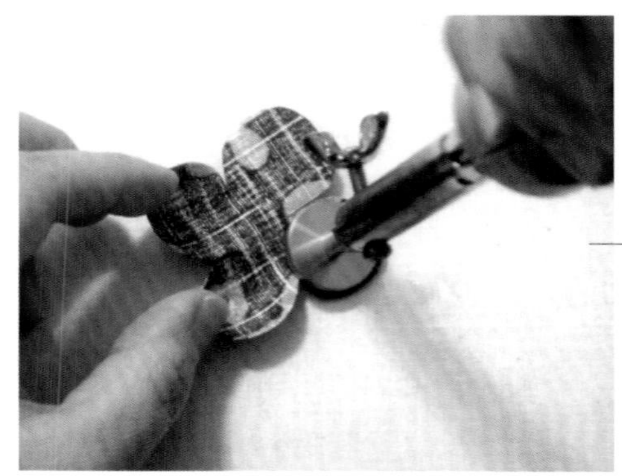

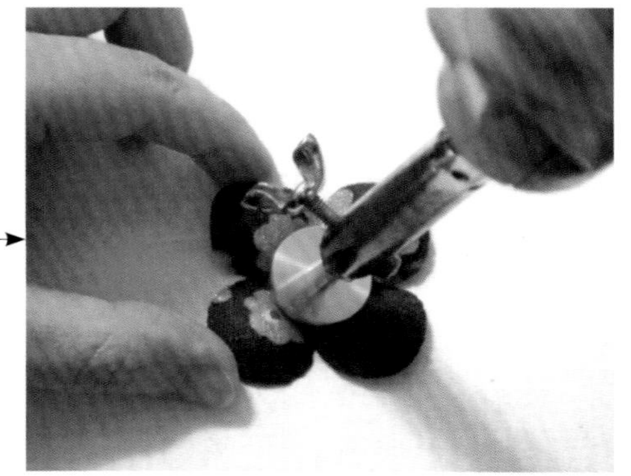

組合布花＆鞋夾

依圖示組合花瓣，再製作另一朵。黏貼鞋夾後再將1.5cm×2.5cm的布貼於其後（請參考P.77鞋夾製作 ）。

23 芭蕾舞伶

（作品欣賞P.42，紙型P.163）

材料（一對）

節紗布兩色各3×20cm
平織棉布5×20cm
紗16.5×33cm
鬆餅布16.5×33cm
日本玻璃珠約40顆
鞋夾片×2個
鐵絲#26 1/4×2支

工具

中瓣鏝

HOW TO MAKE （以下只使用其中大、小各兩片，另一組作法相同。）

製作花瓣

1. 紗單剪大、小花瓣各四片。
鬆餅布單剪大、小花瓣各四片。
若布料有正反面之分時，
花瓣需裁剪同一方向。

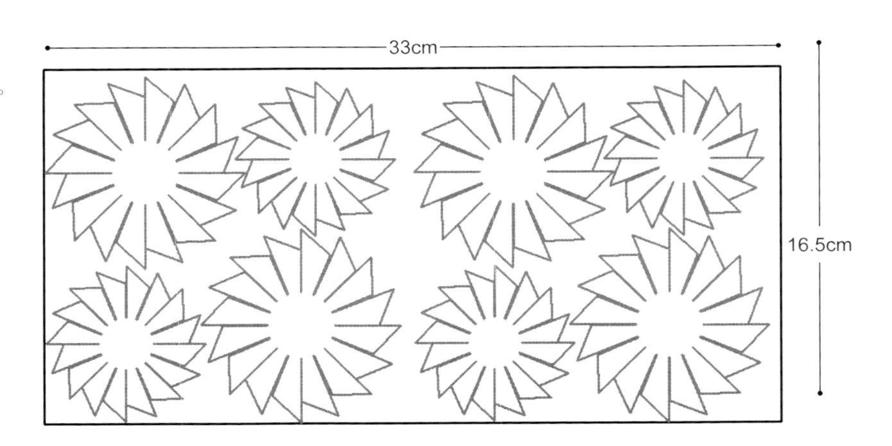

2. 每片背面以中瓣鏝由外往內燙製，完成後，將紗黏貼於鬆餅布上，中心剪十字。

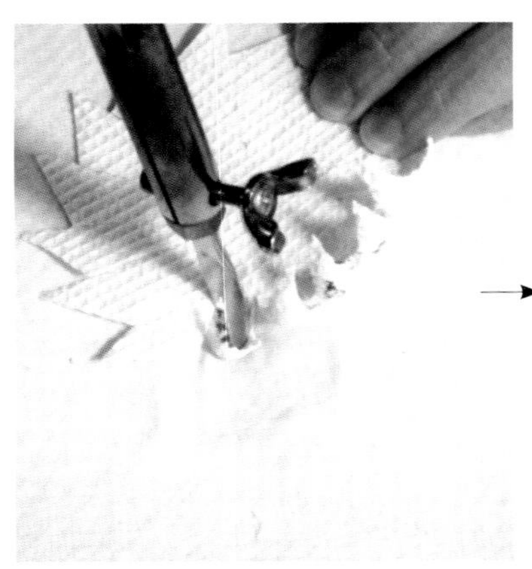

製作花蕊

1. 節紗布兩色3×20cm各對剪成1.5×20cm共四片，將不同兩色節紗布的底部上膠、對貼，每片剪寬0.2cm深1cm的鬚邊。

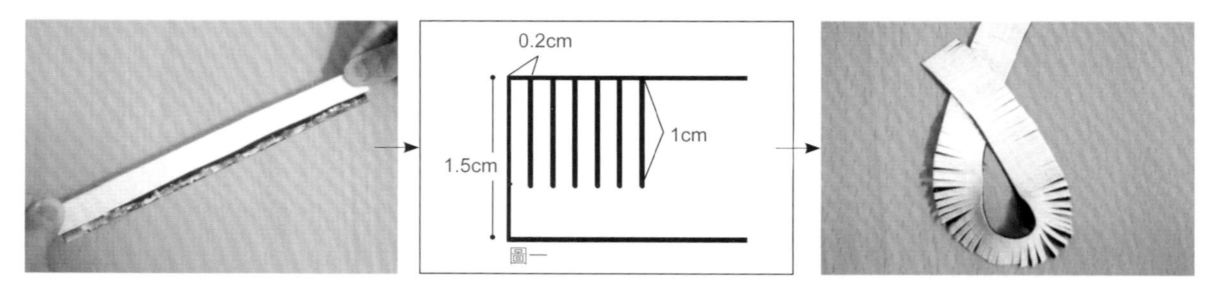

2. 架上一支鐵絲，底部上膠捲成圓筒狀。

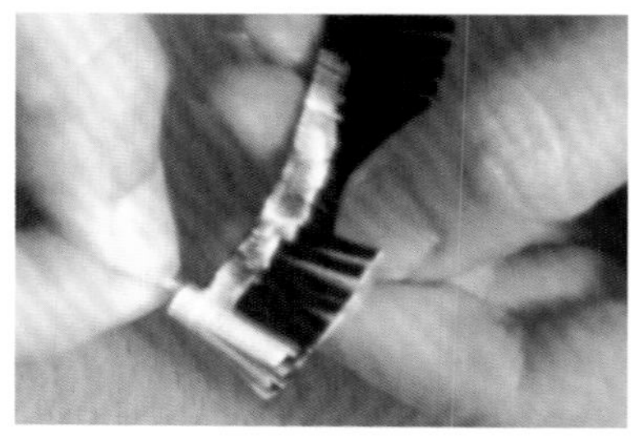

3. 平織布5×20cm對剪成2.5×20cm共兩片，每片剪寬0.5cm深2cm的鋸齒狀。

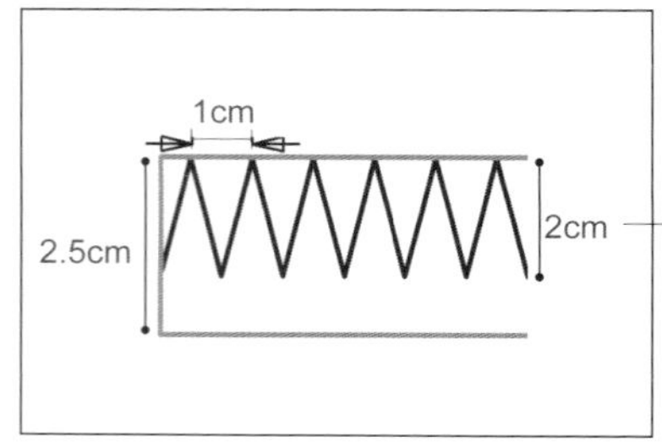

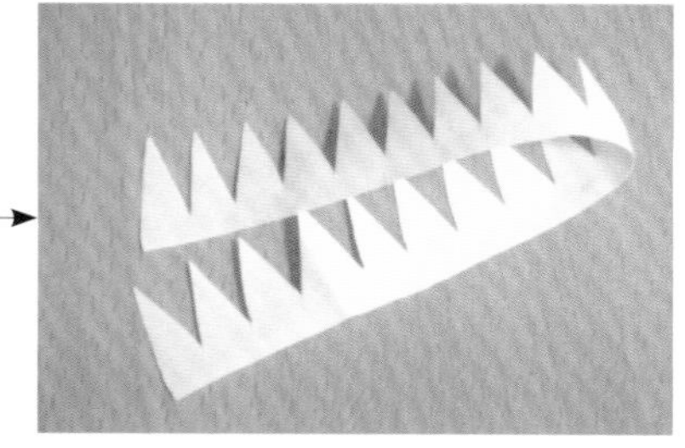

4. 頂端點膠，扭轉使其固定，再點膠＆套入玻璃珠。

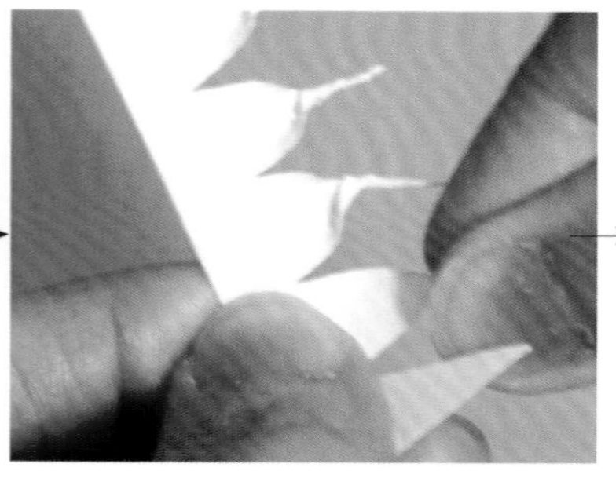

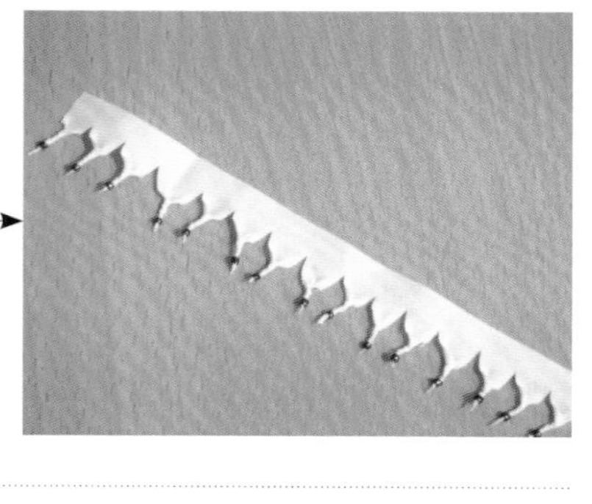

5. 在底端上膠，圍在捲成筒狀外圍（花蕊部分）。

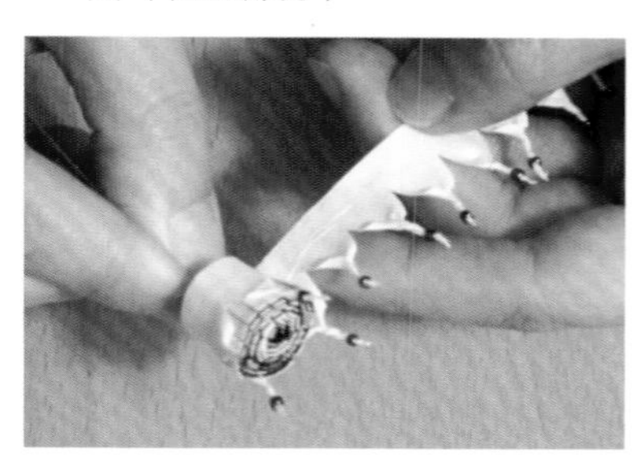

組合布花＆鞋夾

2小2大花瓣中間上膠，依序套入花蕊上。再以熱熔膠將花朵固定於鞋夾上（請參考鞋夾底座製作P.77）。

24 光陰的故事

（作品欣賞P.43，紙型P.164）

材料（一對份量）
印花布11×24cm
石膏花蕊×11支
鐵絲#26 1/2×3支
8cm彈簧夾

工具
小瓣鏝

HOW TO MAKE

製作花瓣

1. 印花布單剪大花瓣四片、小花瓣兩片。

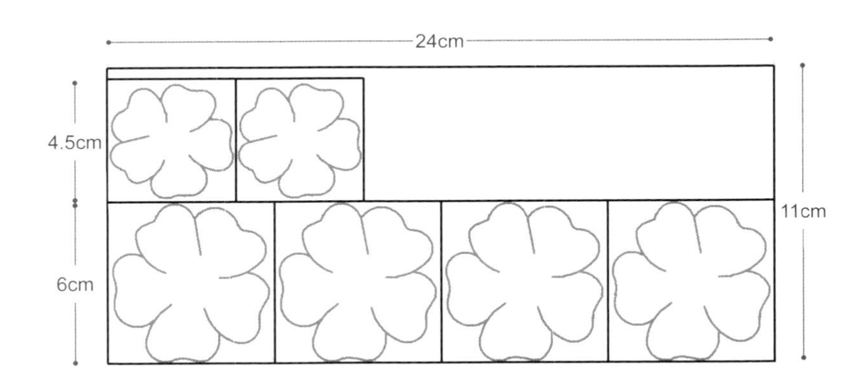

2. 使用小瓣鏝於反面燙製，中心剪十字。

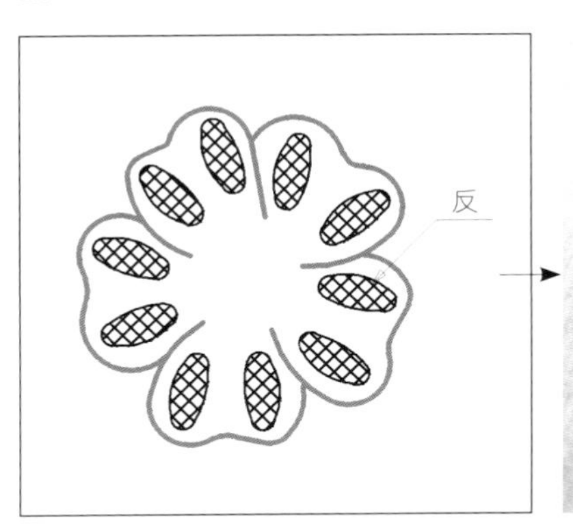

製作花蕊

分別以鐵絲綑製兩束五支花蕊，一束一支花蕊。（作法同花蕊製作（二）P.77）。

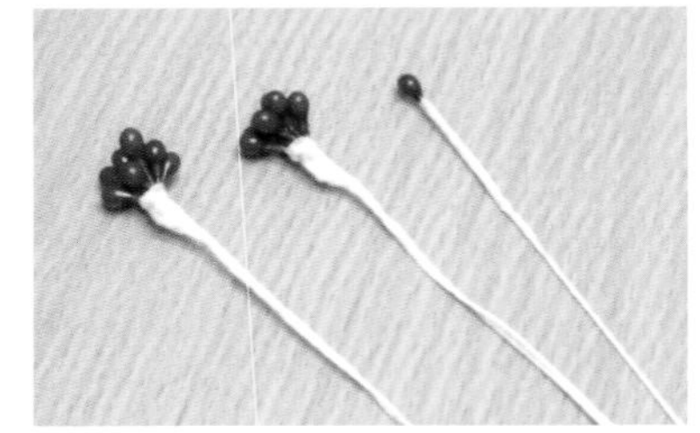

組合布花

1. 花瓣中心上膠，以相同尺寸花瓣兩片為一組穿過花蕊，共作三朵，再剪0.5cm寬的印花布為莖布，各纏繞3cm至4cm。

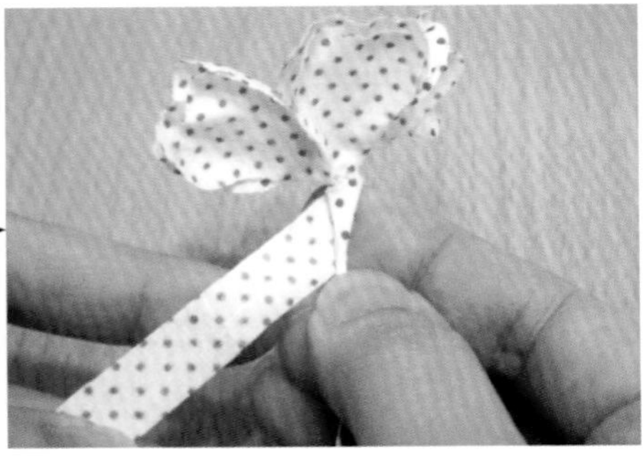

2. 將花組合成花束，剪1cm寬莖布纏繞8cm至9cm，再利用錐子纏繞鐵絲作造型。

裝飾彈簧夾

1. 彈簧夾表面貼雙面膠，將剩餘布料剪成2×9cm，並包覆彈簧夾上，裡側再貼1×5.5cm的布條。

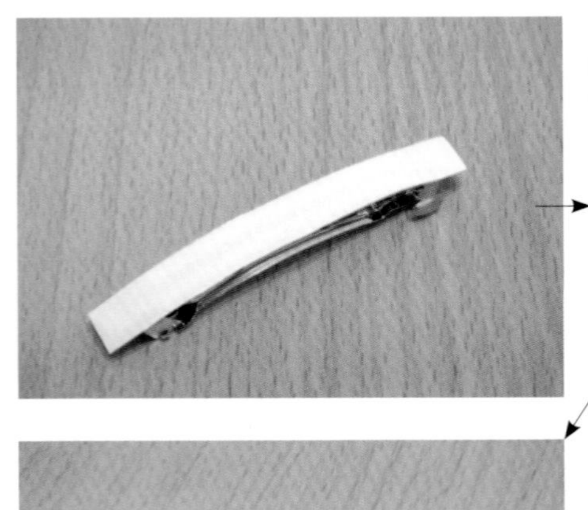
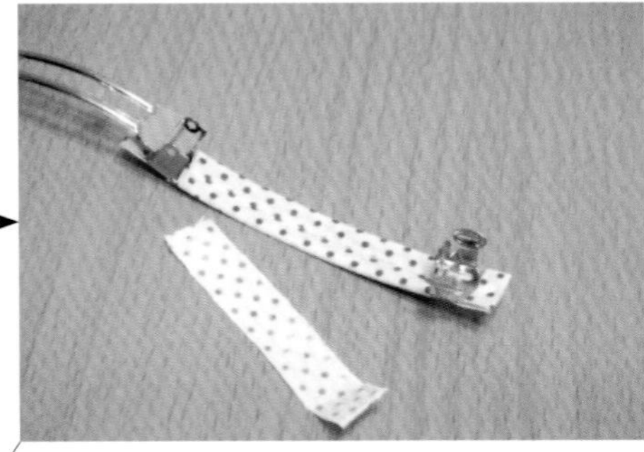

2. 將彈簧夾塗上熱熔膠，黏上花束即完成。

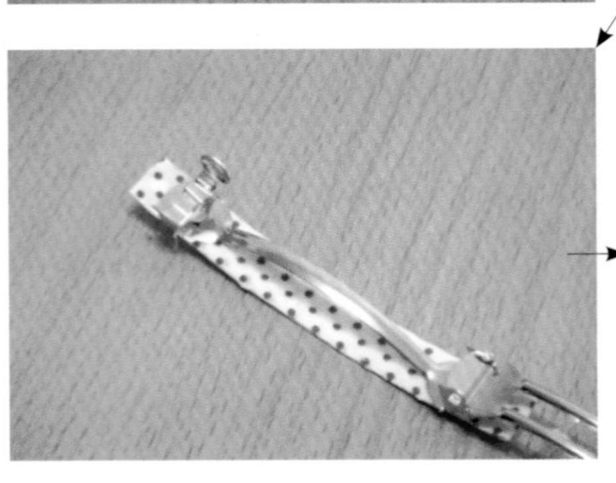

25 愛戀宣言

（作品欣賞P.44，紙型P.164）

材料

絨布22.5×24.5cm
蕾絲繡花緞帶（有花朵圖案12個）
3.5mm透明管40cm
黑珍珠花蕊×12支
鐵絲#26 1/2×6支
別針×1支

工具

三莖鏝

HOW TO MAKE

裁布圖（單位：cm）

將絨布裁出4.5×24.5cm當莖布，其餘依紙型裁出花卉A×6片、花卉B×6片、葉A×2片、葉B×2片、葉C×2片。

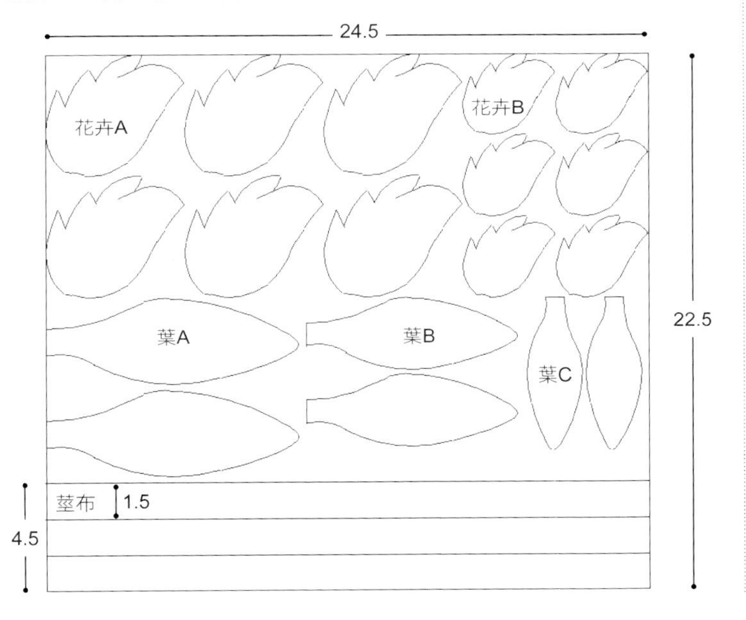

製作花蕊

黑珍珠花蕊分成兩份，製作方法請參考花蕊製作（二）P.77，透明管剪成五等份。

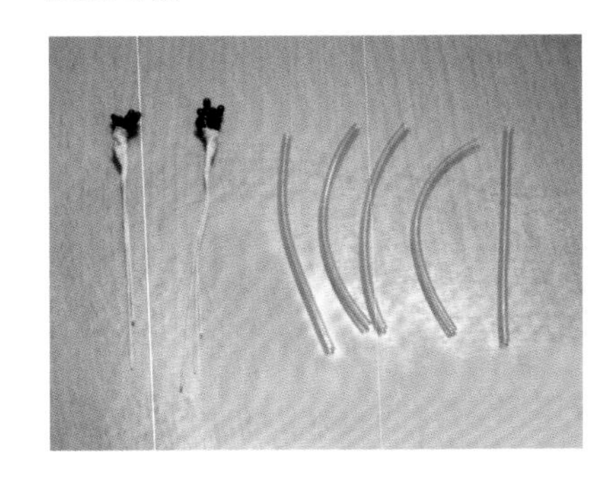

製作花瓣

1. 剪出蕾絲繡花緞帶裡的花紋，並貼至花瓣表面。

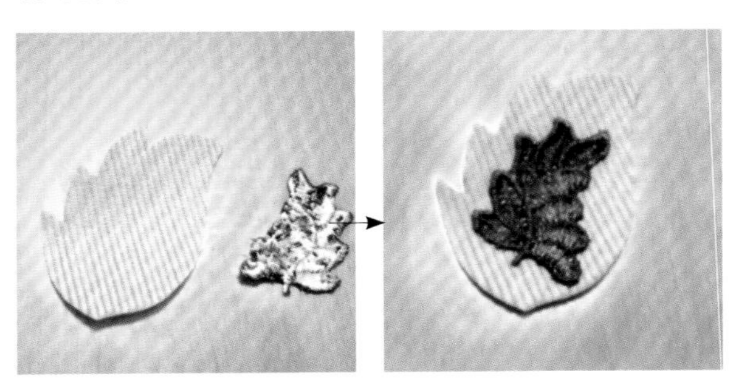

2. 以三莖鏝於花卉A、B的背面燙製出紋路。

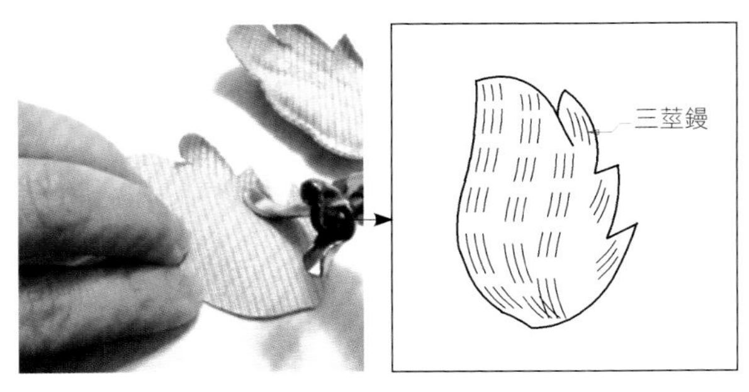

製作葉子

1. 剪好的葉子中間浮貼鐵絲，邊緣以手塑出波浪紋路。

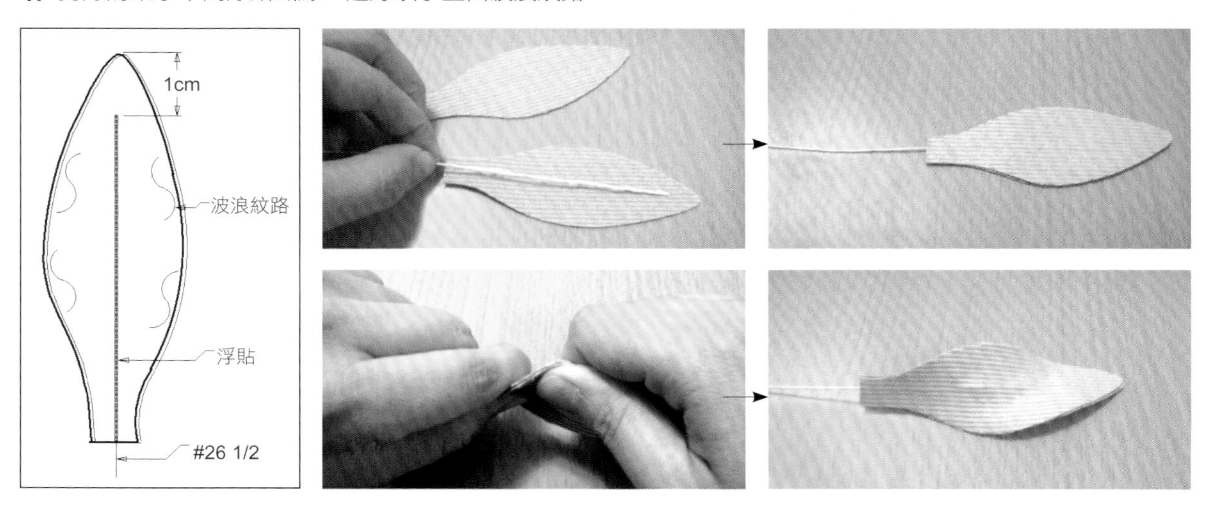

2. 順修葉子底部後，鐵絲端上紙捲，套上透明管，再捲上紙捲。

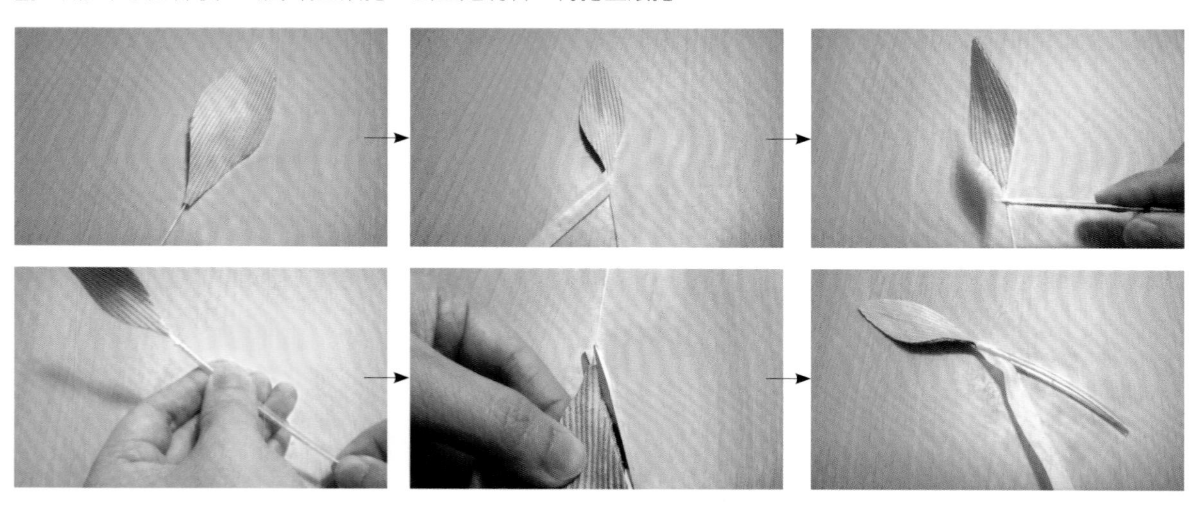

3. 將莖布三等分剪開，每等分再以寬度約1.5cm距離剪成三等分，分別包於葉柄上。

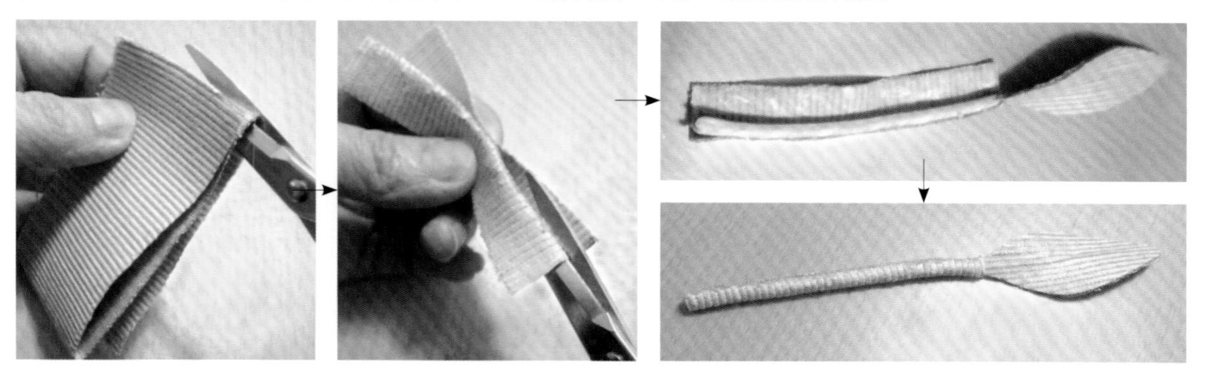

組合布花

1. 花卉A、B分別與花蕊組合圍成一圈，花柄處理與葉柄相同。

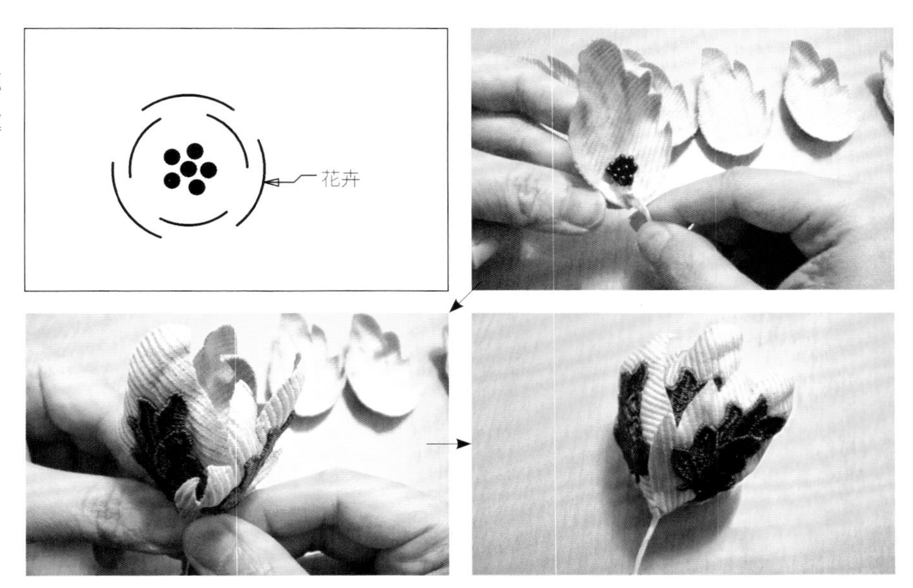

2. 組合花卉A、花卉B、葉A、葉B、葉C，再加上別針＆包莖布，調整花型後即完成。

26 東方美人

（作品欣賞P.47，紙P.165）

材料

紗23×38cm

長珍珠花蕊×20支

鐵絲#28 1/3×13支

別針×1

工具

八分圓鏝

大瓣鏝

HOW TO MAKE

裁布圖（單位：cm）

將紗23×38cm單剪小花瓣六片、中花瓣八片、大花瓣十片，其餘裁剪莖布。

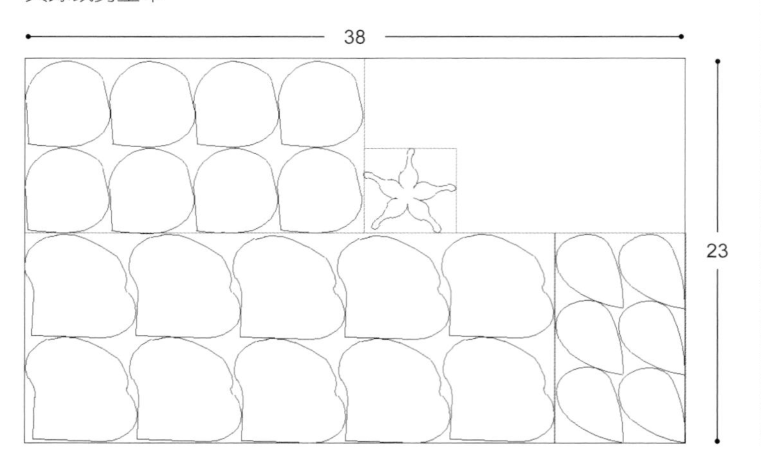

製作花蕊

以一支鐵絲固定二十支長珍珠花蕊。高度約3cm，底部以1cm寬莖布捲繞1cm至2cm（作法參考花蕊製作（一）P.76）。

製作花瓣

1. 鐵絲上膠貼於距花瓣邊緣1cm處，再浮貼另一片花瓣。

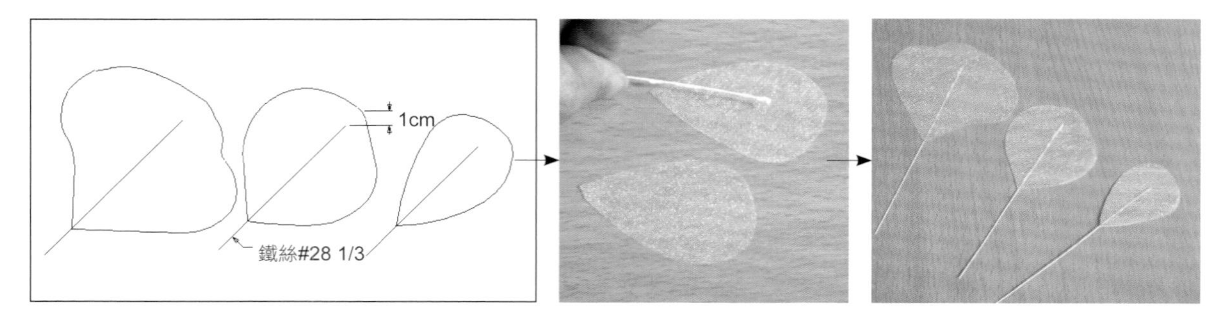

2. 小花瓣正面燙八分圓鏝，中花瓣正、反二面燙八分圓鏝。大花瓣反面花瓣邊緣處燙大瓣鏝，正面底部燙八分圓鏝。

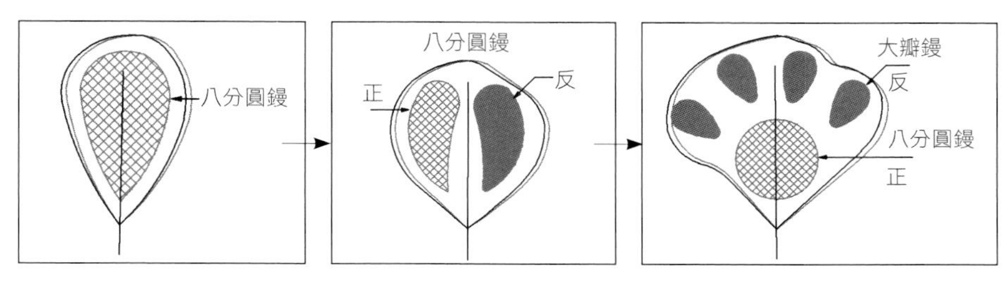

▼小花瓣

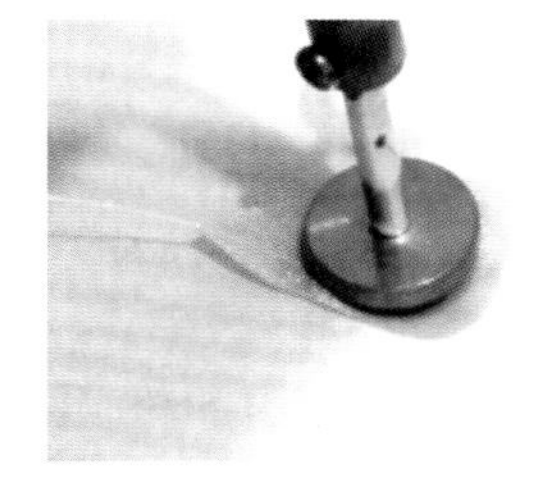

▼大花瓣

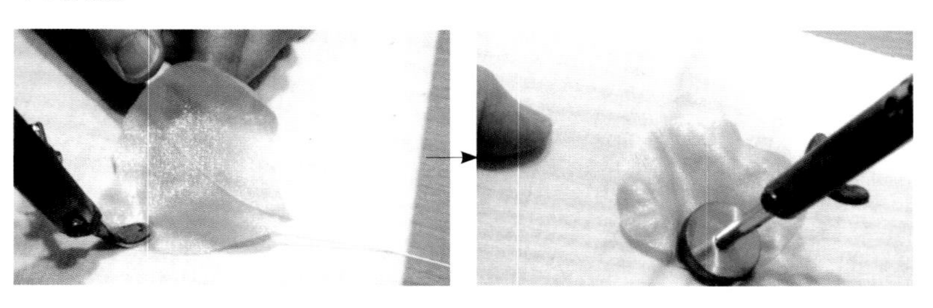

組合布花

1. 於花瓣底部上膠，依序黏貼於花蕊外圍。

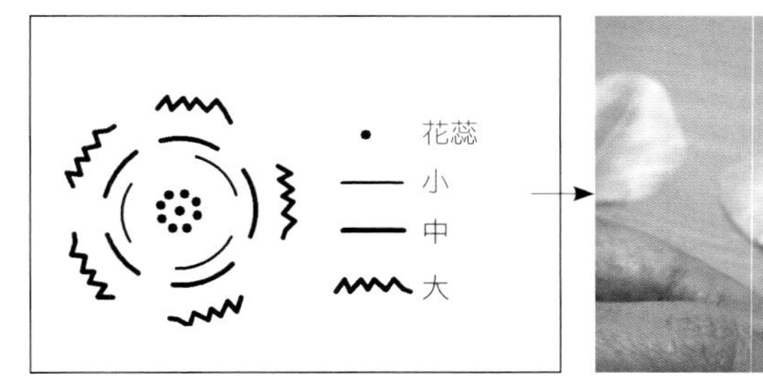

2. 花莖部分先以紙捲包覆5cm至6cm，剪掉多餘的鐵絲，黏上花萼，再利用剩餘的布料剪1cm寬莖布捲繞其上。

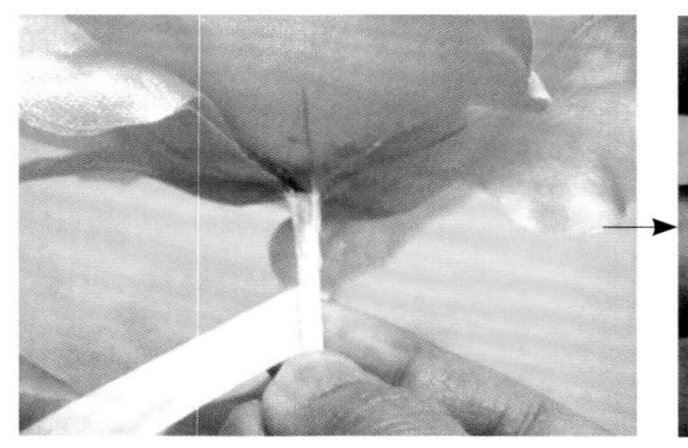

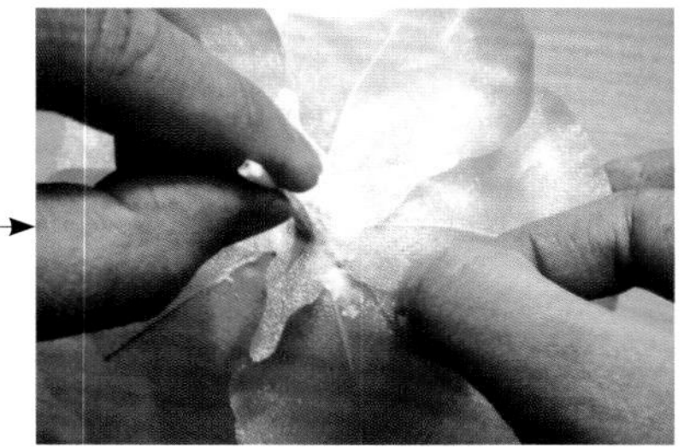

3. 利用熱熔膠將別針固定在花莖上，外圍捲上莖布。

27 繽紛薔薇

（作品欣賞P.48，紙型P.165）

材料

紗質燒花布30×15cm

平織棉布10×15cm

裸鑽×5顆

鴨嘴別針圓台×1

鐵絲#28 1/4×5支

工具

大瓣鏝

一吋圓鏝

裁布圖（單位：cm）

1. 將紗質燒花布剪出兩片10×15cm，與平織棉布10×15cm共三片貼合一起，貼合層次為：紗質燒花布→平紗棉布→紗質燒花片。待乾後再如右圖剪出花瓣六片。

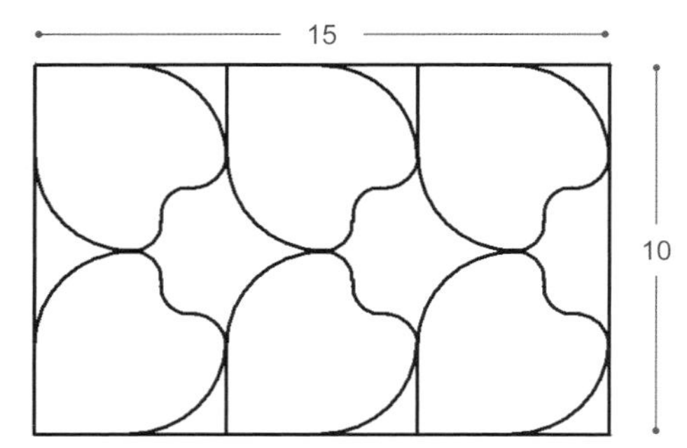

2. 在剩餘的10×15cm紗質燒花布上單剪五片花瓣及一片花萼。

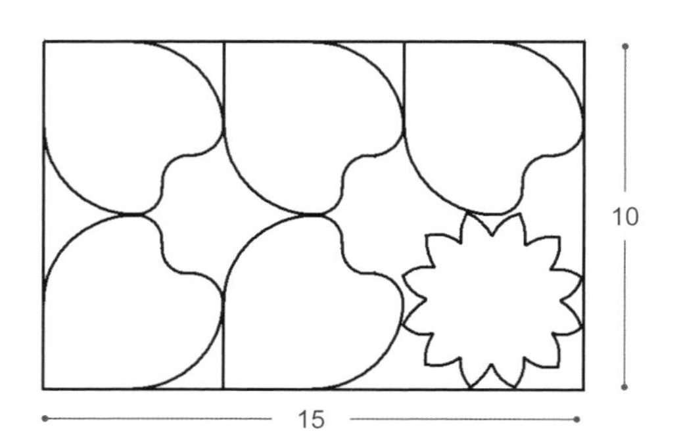

HOW TO MAKE

花瓣塑型

1. 如圖示燙製黏合的花瓣。先以一吋圓鏝燙正面，再以大瓣鏝燙背面。

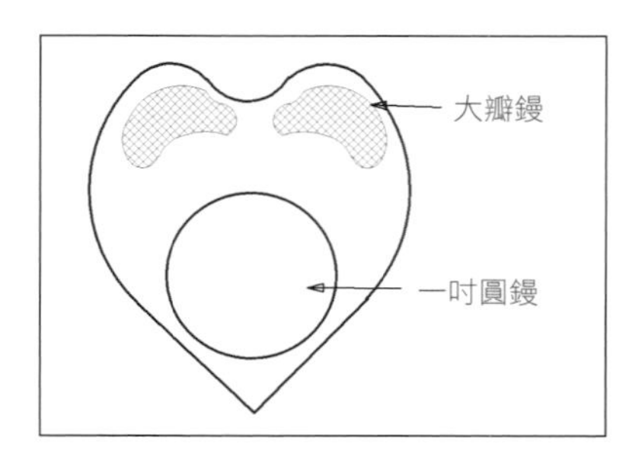

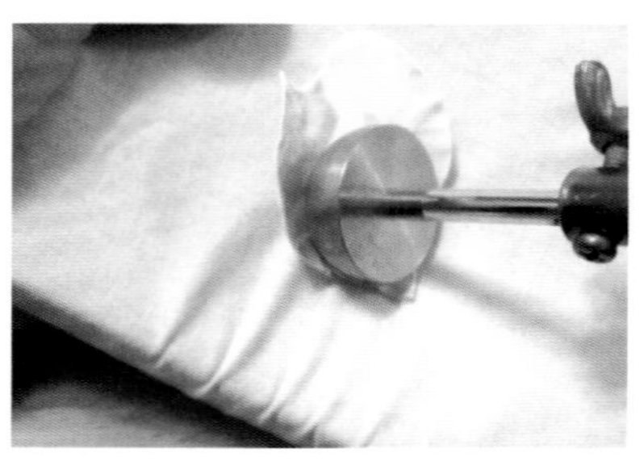

2. 單剪花瓣依圖示虛線剪成三片。

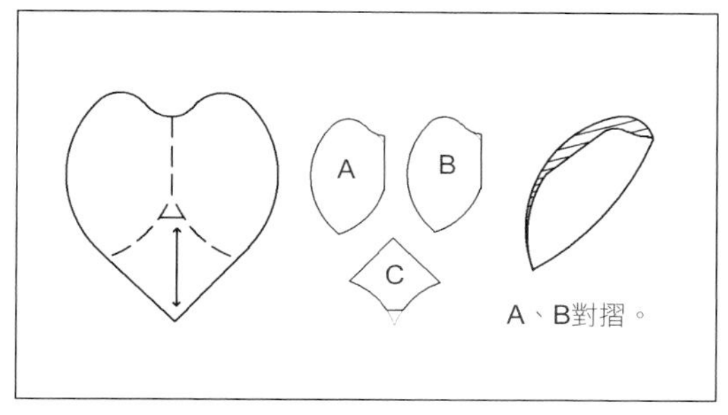

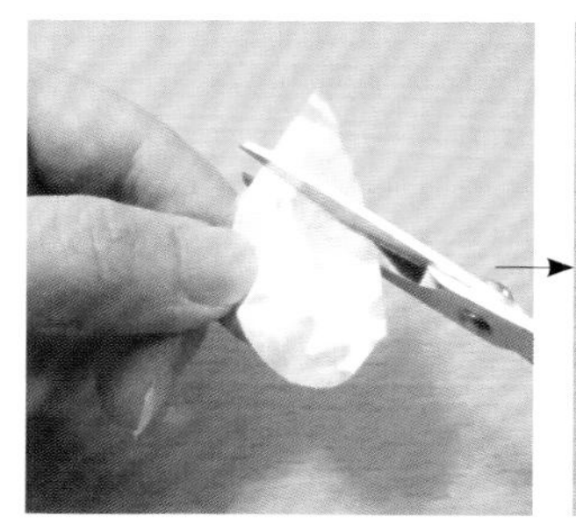

3. 單剪的花瓣及花萼使用大瓣鏝由頂端往下燙製成型。

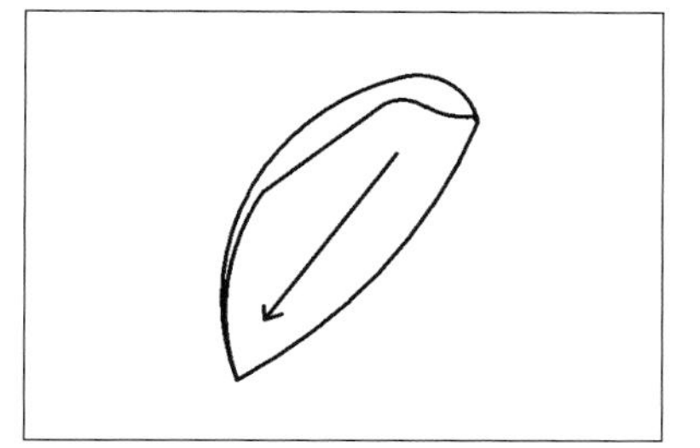

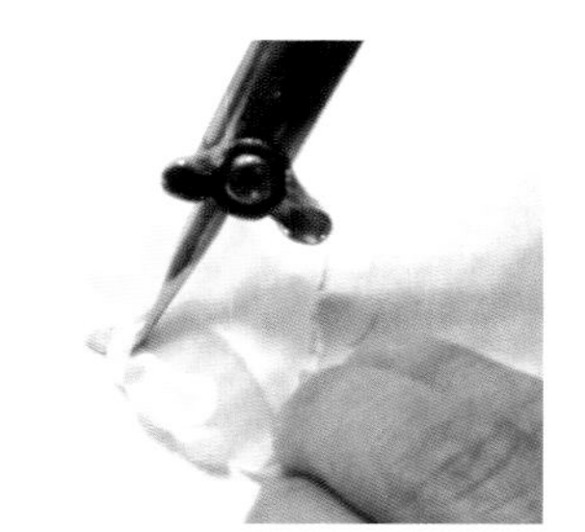

製作花心

1. 以錐子纏繞鐵絲，再將裸鑽黏著於鐵絲上。

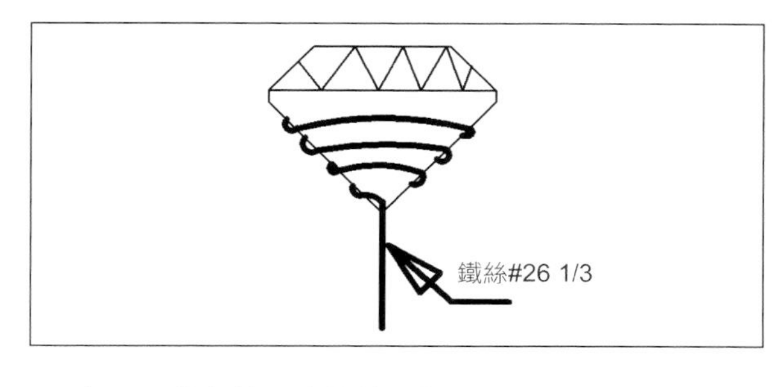

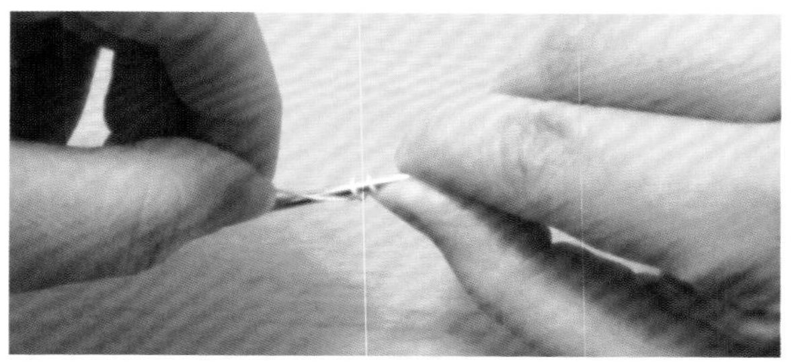

2. 如圖，將布捲貼成筒狀，共捲五支，作為花心。

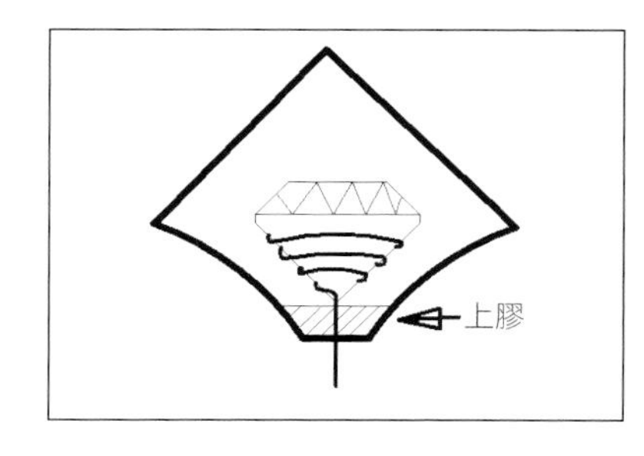

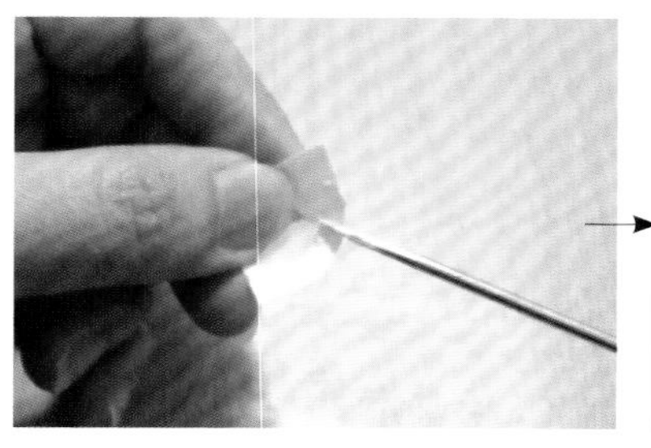

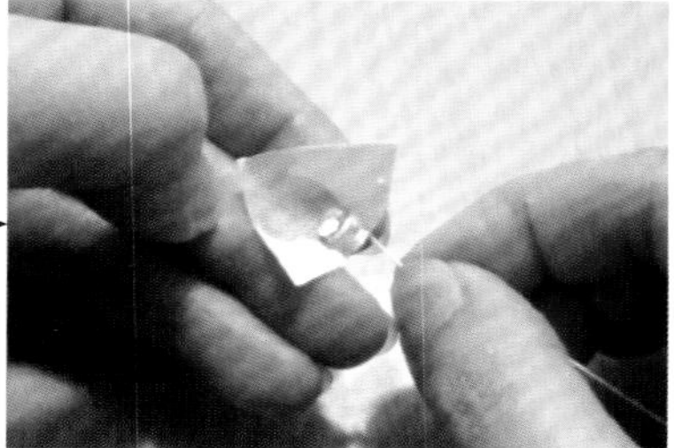

3. 再將五支黏成一圈。

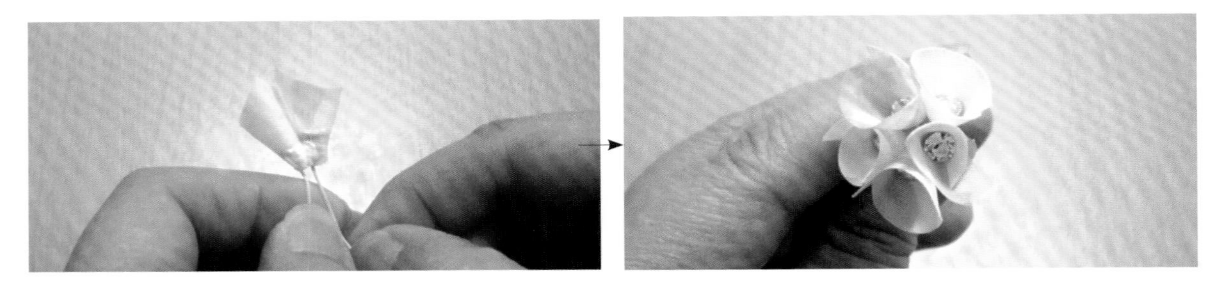

組合布花

1. 於燙製成型的A、B花瓣底部上膠。

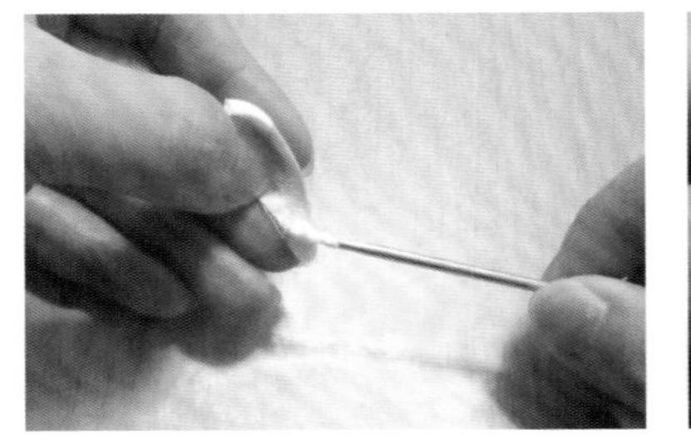

2. 以五片圍合花心一圈。

3. 大花瓣底部上膠，黏貼於最外圈。

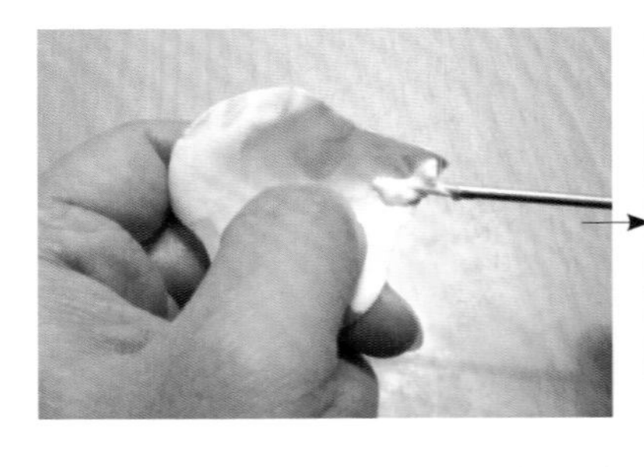

4. 將花萼黏貼於底部，剪掉多餘鐵絲，以熱熔膠黏貼鴨嘴別針圓台與花。

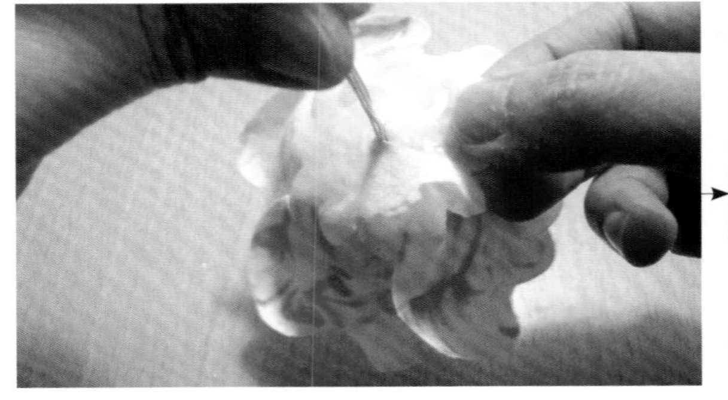

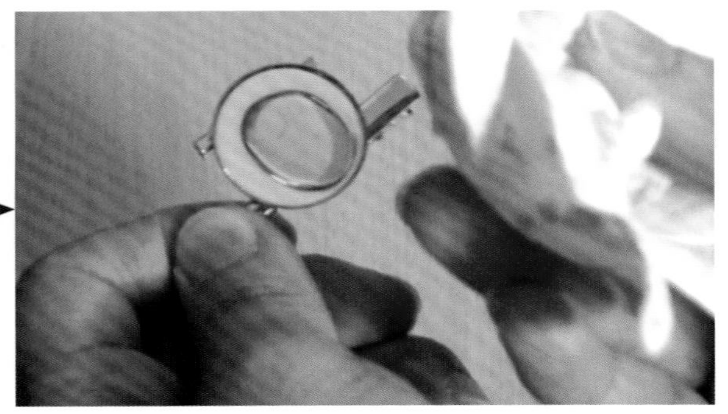

28 蝶戀

（作品欣賞P.51，紙型P.166）

材料

牛仔布11×27cm

節紗布9×18cm

蕾絲織帶6×60cm

鐵絲#26 1/2×5支

別針×1

工具

七分圓鏝

裁布圖 （單位：cm）

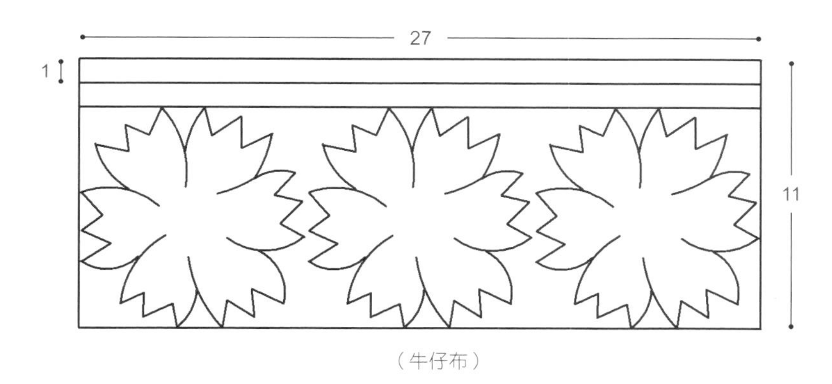

（牛仔布）

1. 牛仔布先剪出1×27cm莖布兩條，再單剪花瓣三片。

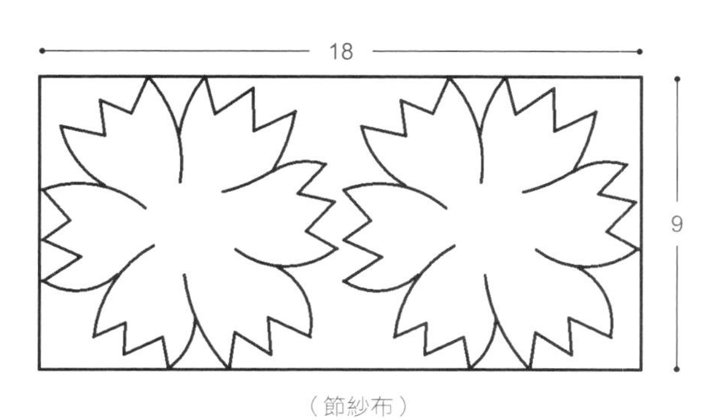

（節紗布）

2. 節紗布單剪花瓣兩片。

花瓣塑型

1. 正、反面如圖示以七分圓鏝燙製。

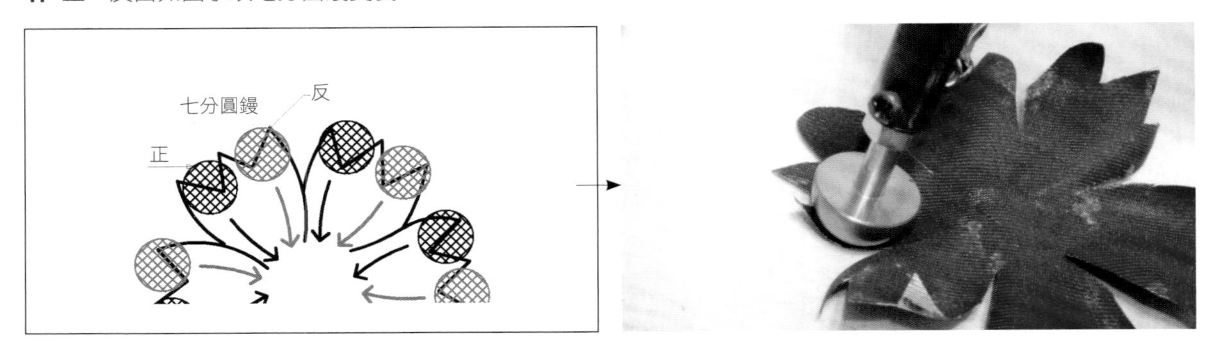

2. 完成後，如圖剪兩孔穿過鐵絲，摺勾扣住。再在表面塗膠，往內捏緊固定，共作五支。

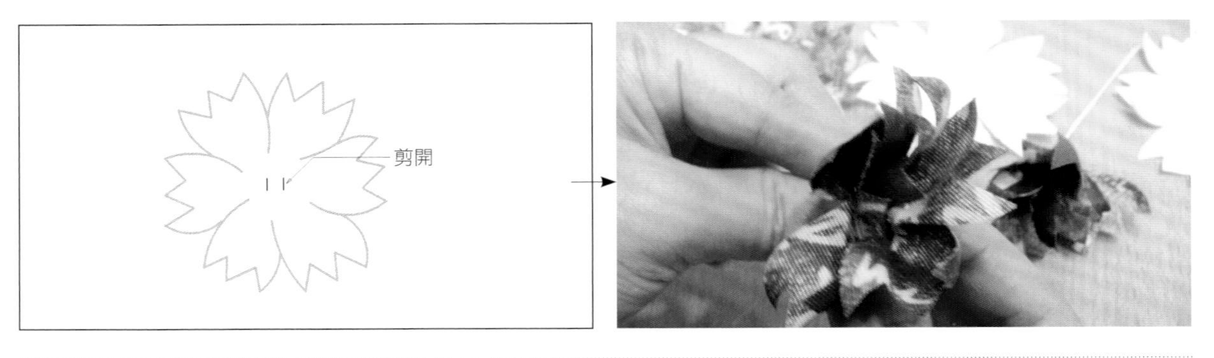

組合＆裝飾布花

1. 製作造型蕾絲飾帶，先以線縫固定，再使用鐵絲纏繞固定。

2. 組合五支後加上蕾絲飾帶，鐵絲留5cm左右，捲上莖布，最後加入別針。

29 清純少女

（作品欣賞P.53，紙型P.166）

材料

泡泡棉布12.5×16cm
亮緞16×15.5cm
花蕊1×支
鴨嘴夾×1個
鐵絲#26 1/3×3支

工具

七分圓鏝

裁布圖（單位：cm）

依圖示裁剪花瓣＆花萼＆花蕊＆葉子的用布。

- 花瓣：兩種布料各裁出一片7.5×16cm，對摺＆黏合成7.5×8cm後，剪下花瓣。
- 花萼：兩種布料各裁出一片4×4cm後，剪下花萼。
- 花蕊：兩種布料各裁出一片4×12cm布片備用。
- 葉子：亮緞裁出一片4×16cm布片備用。

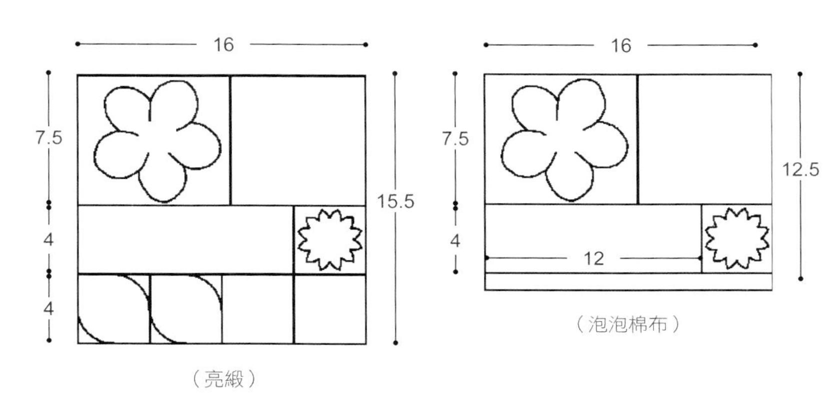

HOW TO MAKE

製作花蕊

1. 4×12cm布料對摺，底部黏膠，剪寬0.5cm深1.7cm之鬚邊，之後底部黏膠，圍繞於花蕊外圍。

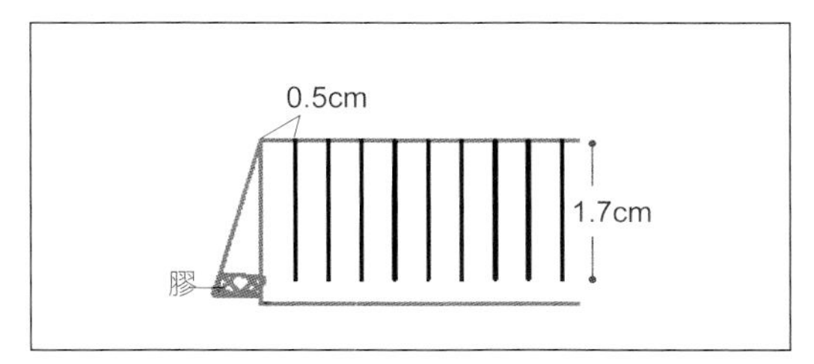

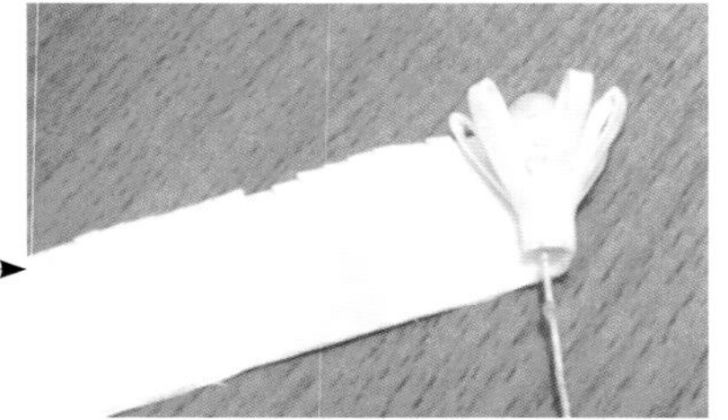

製作葉子

1. 4×16cm亮緞對剪，其中一片架鐵絲後對貼另一片，再裁出兩支葉子。

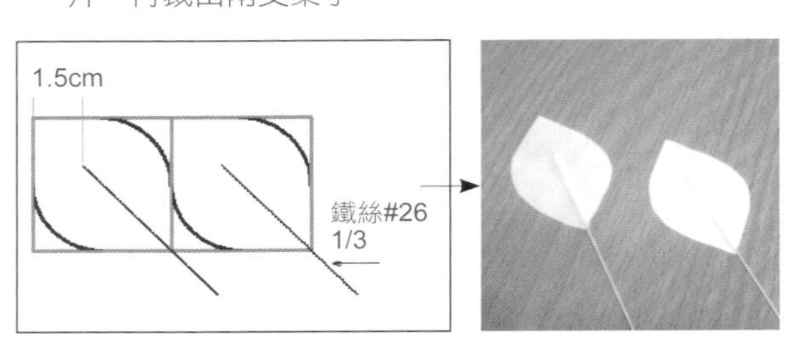

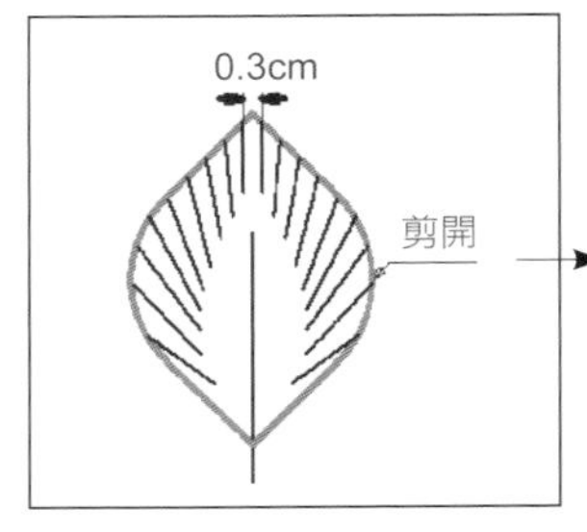

2. 如圖剪鬚邊，剪深約1cm左右。

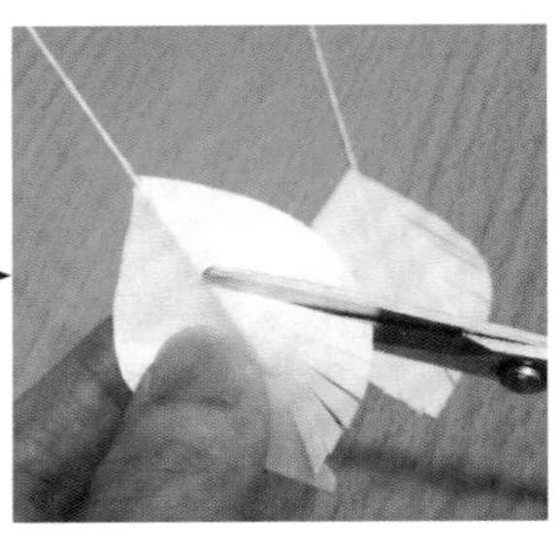

燙製塑型

1. 如圖所示以七分圓鏝燙製花瓣、花萼、葉子，花瓣＆花萼中心再剪十字。

▼花瓣

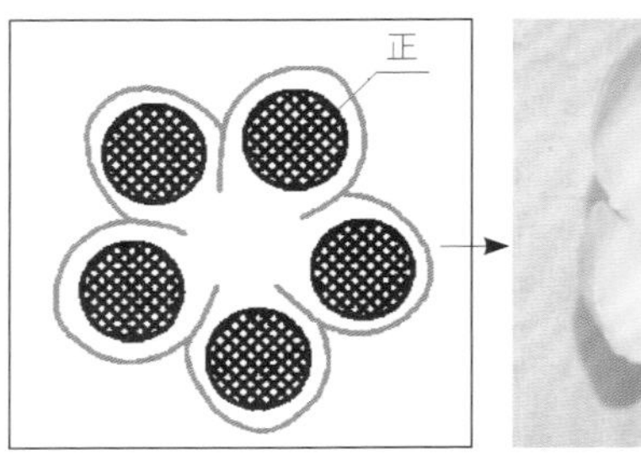

▼花萼

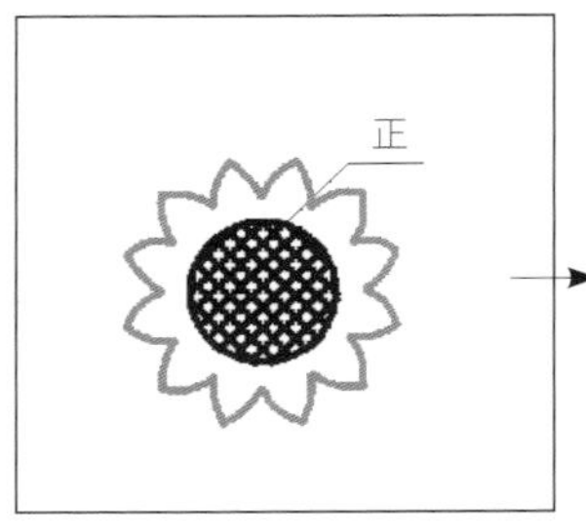

▼葉子

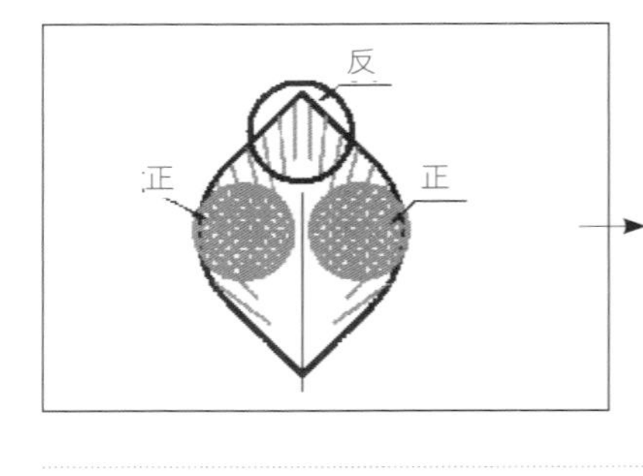

組合布花

1. 花瓣中心上膠組合花蕊，之後貼上花萼，再將花與葉組合一起，鐵絲捲上紙捲2cm至3cm，多餘部分剪掉。

2. 以熱熔膠固定髮夾與花柄，再以1×16cm泡泡棉布為莖布纏繞於上，調整花型即完成。

30 夢幻圓舞曲

（作品欣賞P.54，紙型P.167）

材料

毛料8×22cm
鏈條60cm
半面珍珠×5顆
壓克力鑽×1顆
馬眼鑽×5顆
鴨嘴別針圓台×1個

工具

七分圓鏝

裁布圖（單位：cm）

1. 毛料 8×22cm 單剪花瓣七片。

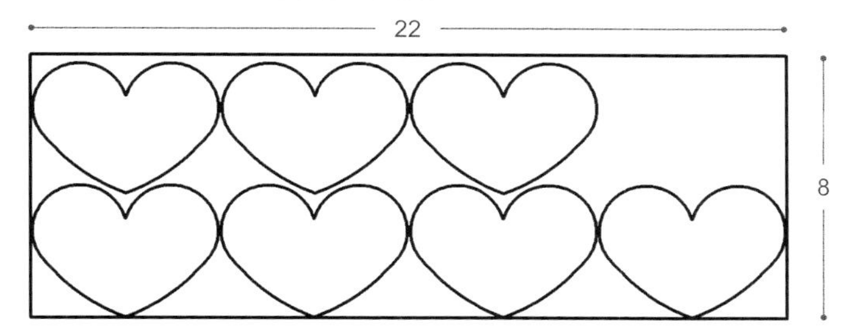

2. 每片再對剪開來，共十四片。

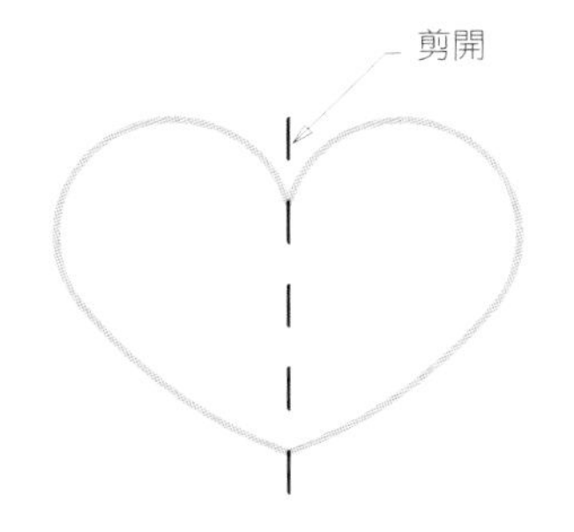

HOW TO MAKE

花瓣塑型

正面如圖示以七分圓鏝燙製。

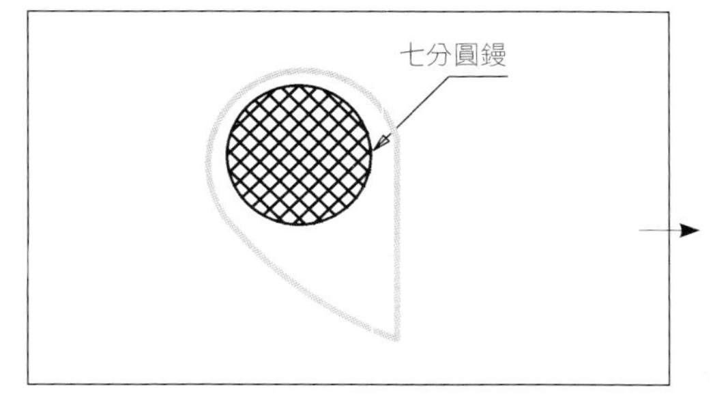

組合布花

1. 每片以1cm至1.3cm距離黏貼，圍成一圈。

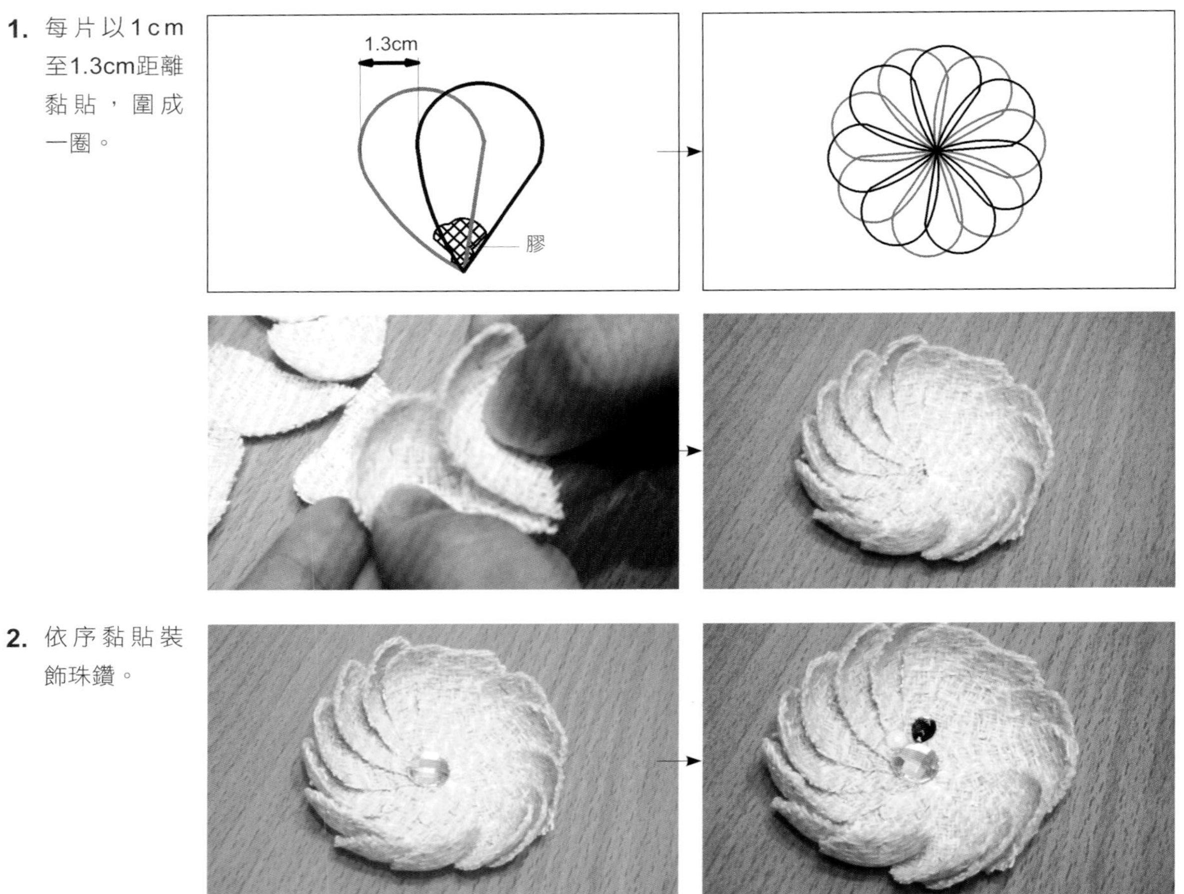

2. 依序黏貼裝飾珠鑽。

加裝別針

1. 使用一小段鐵絲（寬度約鴨嘴別針圓台）將60cm鏈條作出造型。

2. 以熱熔膠將鏈條黏貼鴨嘴別針圓台上，再黏貼花朵。

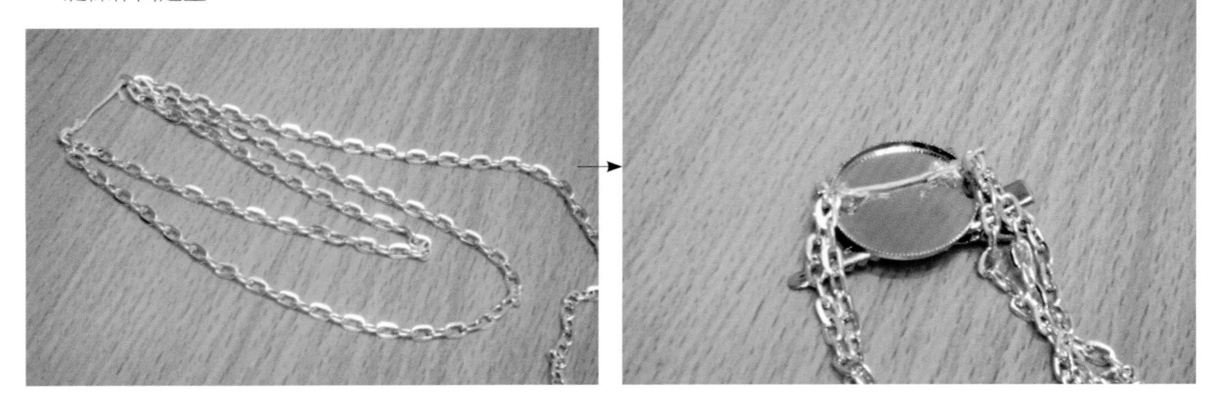

31 愛情信物

（作品欣賞 P.55，紙型 P.167）

材料

棉布24×5cm

5cm寬飾帶48×5cm

珍珠花蕊×50支

戒台×1只

鐵絲#26 1/2×1支

工具

五分圓鏝

裁布圖（單位：cm）

飾帶對剪成 24×5cm 兩條，上膠貼於棉布兩面，剪出花瓣四片＆花萼一片，再將花瓣剪成四瓣。

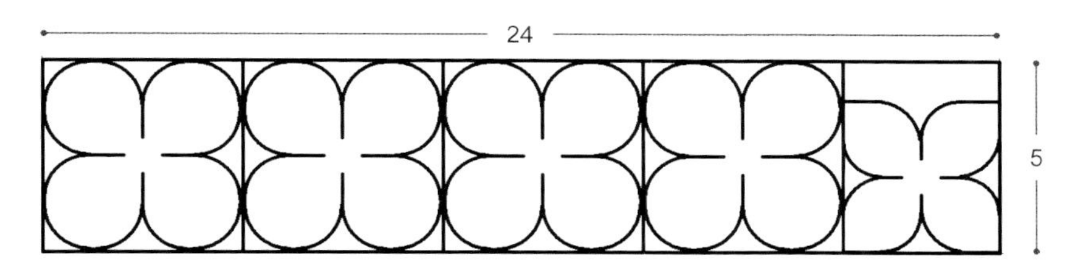

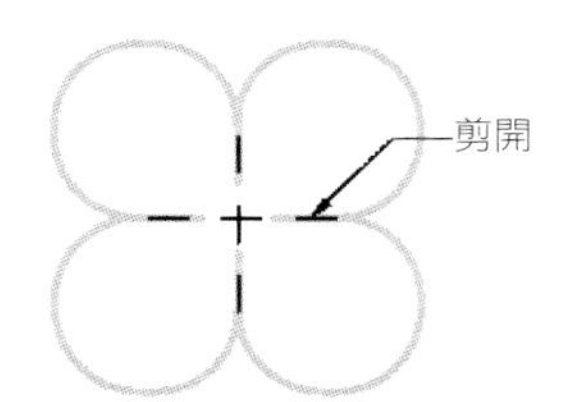

HOW TO MAKE

花瓣塑型

花瓣往後摺1cm，依圖示燙製五分圓鏝，先由左右移動再上下移動。

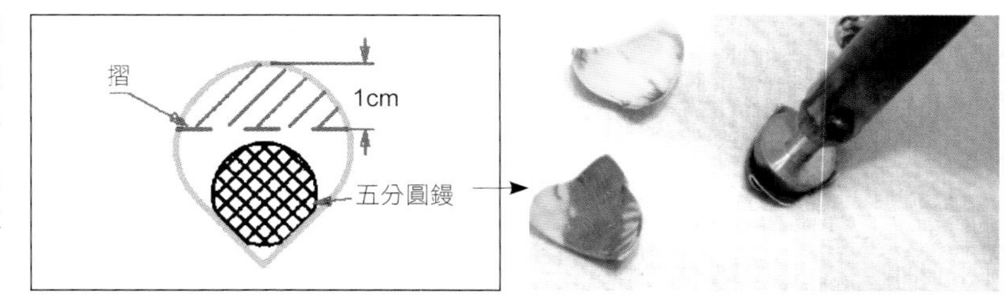

組合布花

1. 使用鐵絲將50支珍珠花蕊綁成一束，長度為1.5cm（作法同花蕊製作（一）P.76）。

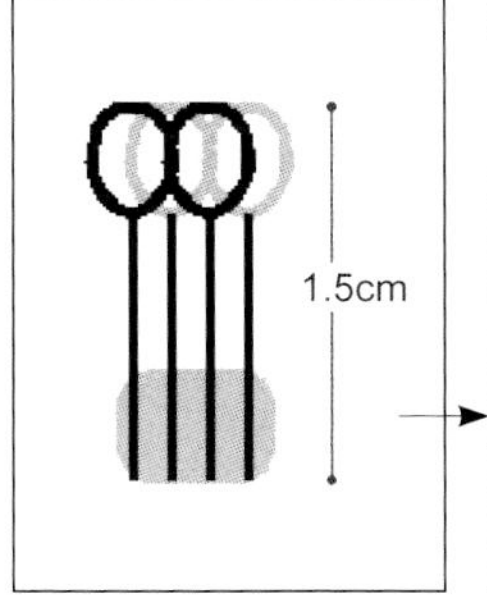

2. 小花瓣底部塗上保麗龍膠，取四片花瓣圍成一圈，黏上所有花瓣後，剪掉多餘鐵絲，花萼及花依序使用熱熔膠黏在戒台上。

32 茶花女

（作品欣賞P.56，紙型P.167）

材料

節紗布9×24cm
1.5cm保麗龍球
0.4cm中孔鑽×31顆
鴨嘴別針圓台×1個
鐵絲#26 1/2×1支
T針×31支

工具

七分圓鏝
五分圓鏝
三分圓鏝

裁布圖（單位：cm）

1. 節紗布9×24cm剪下4×4cm備用，再單剪大花瓣五片、中花瓣四片、小花瓣三片及花萼一片。

2. 花萼依圖示剪Y字型備用。

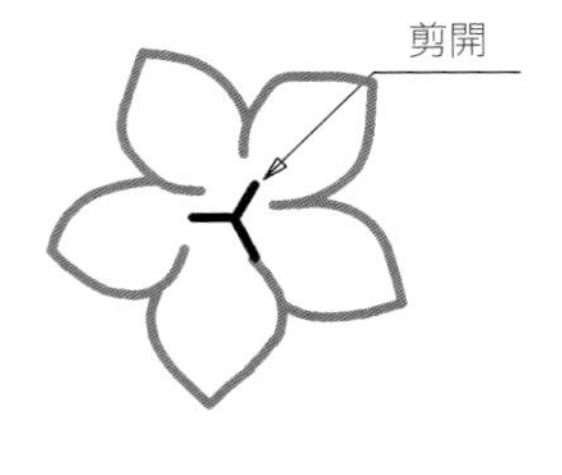

HOW TO MAKE

花瓣塑型

大、中、小花瓣分別以七分、五分、三分圓鏝依圖示燙製。

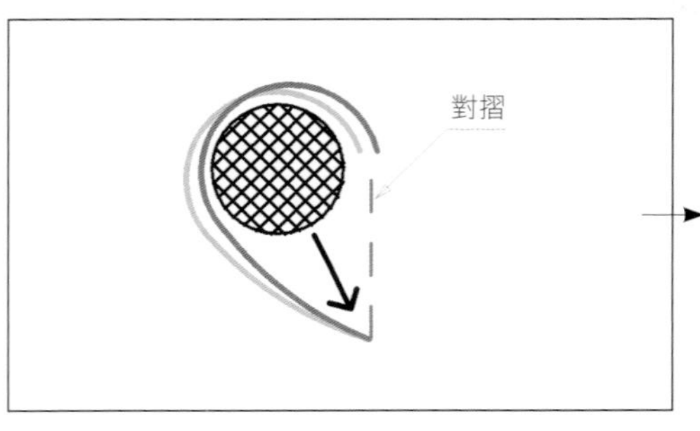

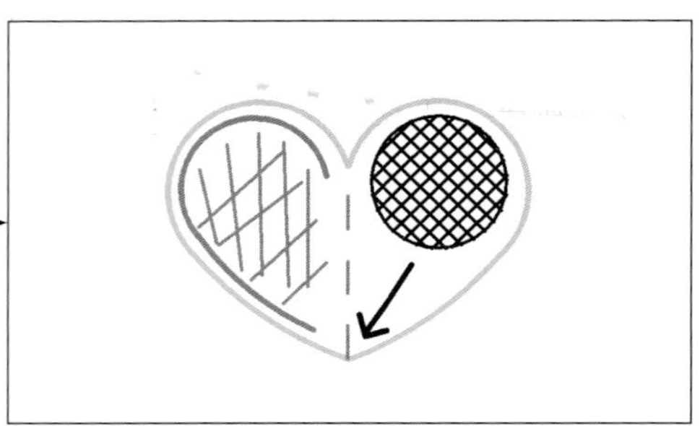

製作花蕊

1. 以一支鐵絲穿過保麗龍球後扭轉固定，再將4×4cm布片上膠後包覆保麗龍球表面，並修剪多餘布料。

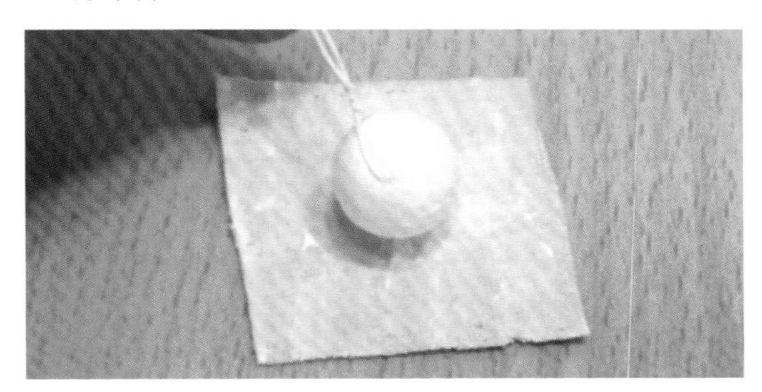

2. T針穿過中孔鑽後，上膠後依序黏在球上。

組合布花

於花蕊外圍依序黏貼花瓣，圍成一圈。最後將花萼黏貼於底部，剪掉多餘鐵絲，以熱熔膠黏貼鴨嘴別針圓台與花即完成。

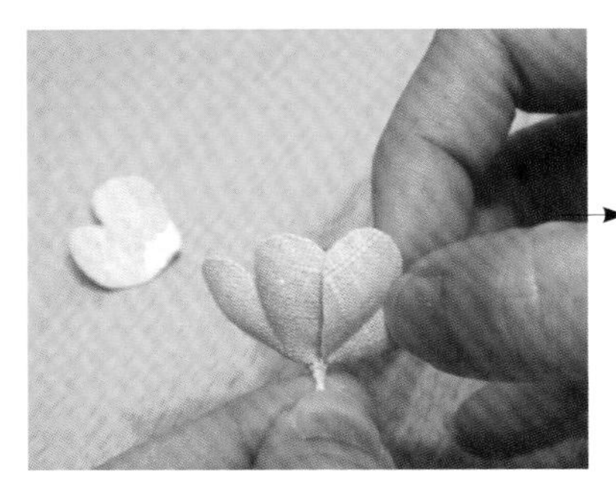

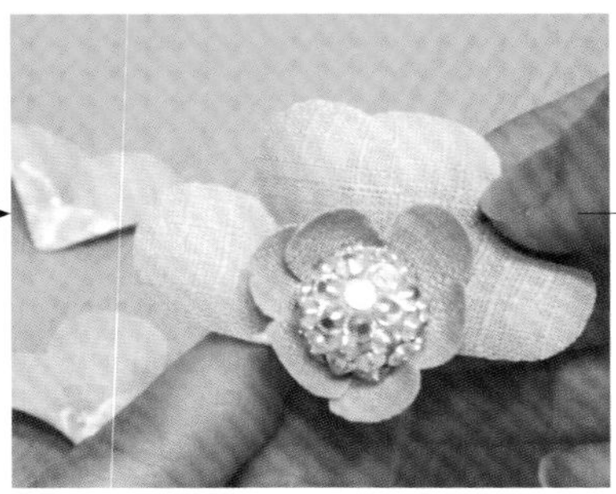

33 秋意詩篇

（作品欣賞P.57，紙型P.168）

材料
節紗布18×20cm
印花布7.5×20cm
水滴保麗龍球×1個
別針×1支
鐵絲#26 1/2×4支線

工具
七分圓鏝
捲邊鏝
刀鏝

裁布圖（單位：cm）

兩款布各以7.5×20cm單剪大花瓣五片、中花瓣三片、小花瓣三片，結紗布再裁出9.5×14cm一片、5×5cm之等邊三角形及花萼。

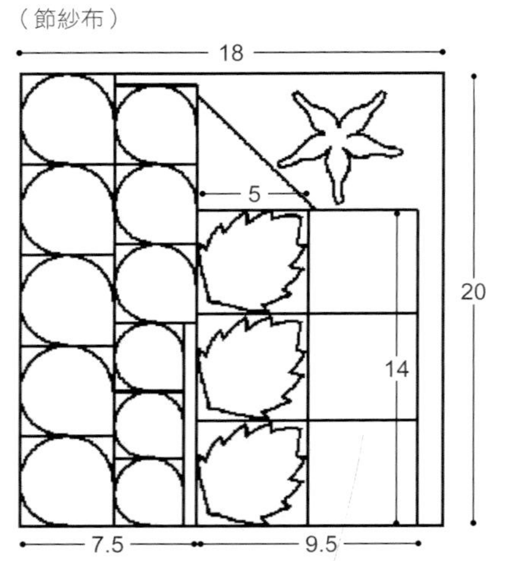

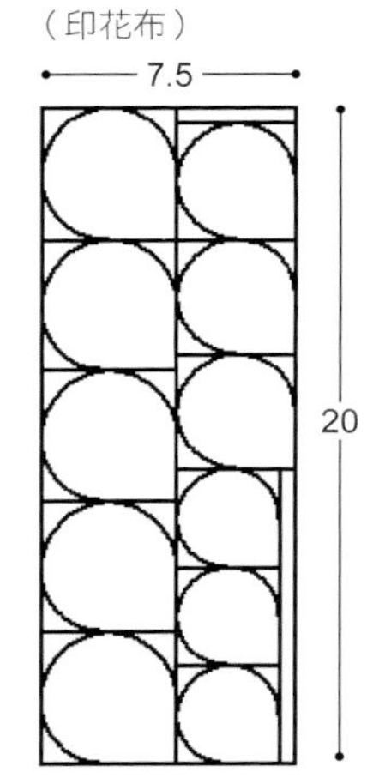

HOW TO MAKE

製作葉子

9.5×14cm剪成4.75×14cm兩片，一片摺成三等分，黏上鐵絲，再與另一片刷膠對貼，剪成三等分，剪出葉子三片。

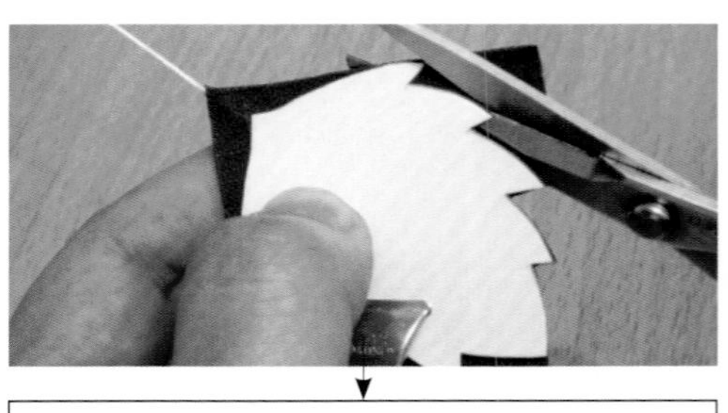

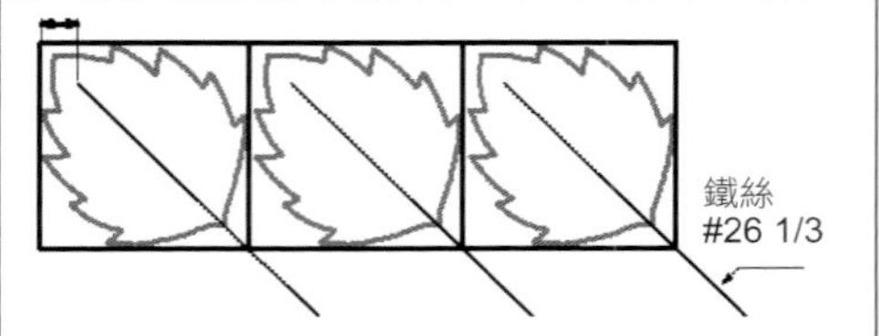

製作花蕊

鐵絲穿過水滴保麗龍球後扭轉固定，5×5cm等邊三角形布片上緣往內摺0.5cm，上膠後包覆水滴保麗龍球。

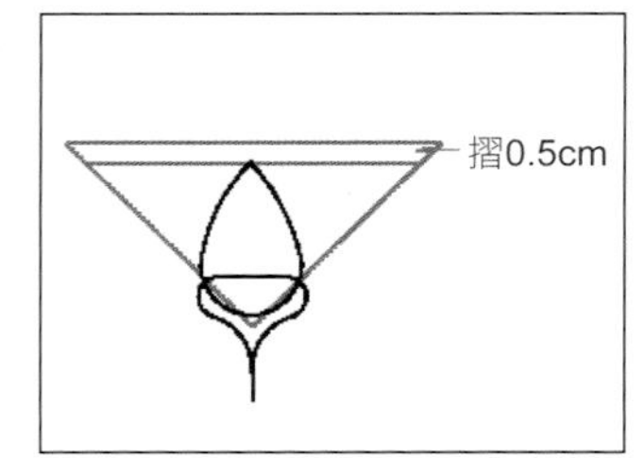

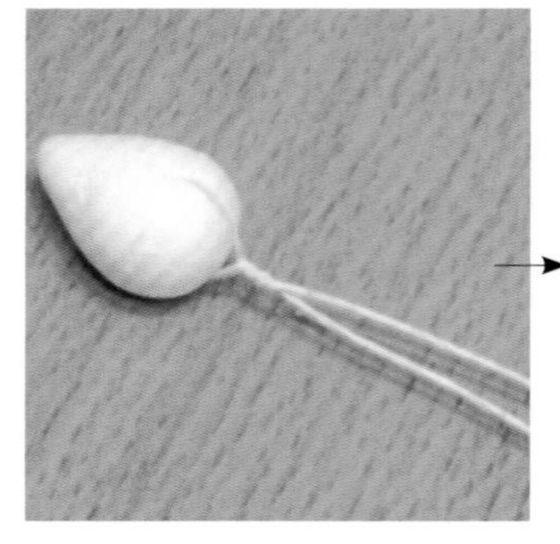

燙製塑型

如圖燙製每片花瓣&葉子。

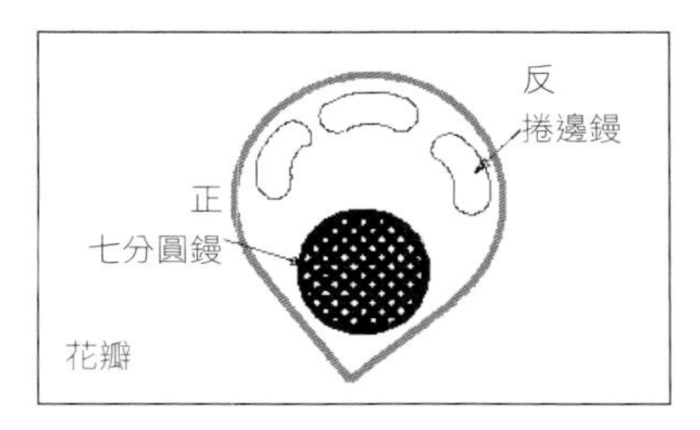

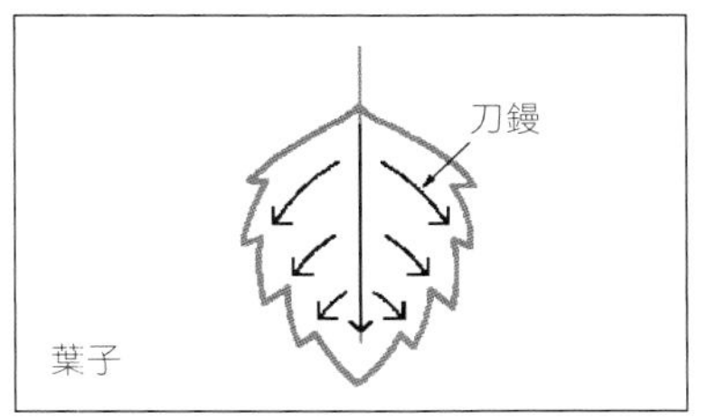

▼花瓣

▼葉子

組合布花

1. 兩種不同花色之花瓣底部貼合，錯開0.3cm至0.5cm。

2. 如圖示組合，再貼上花萼。

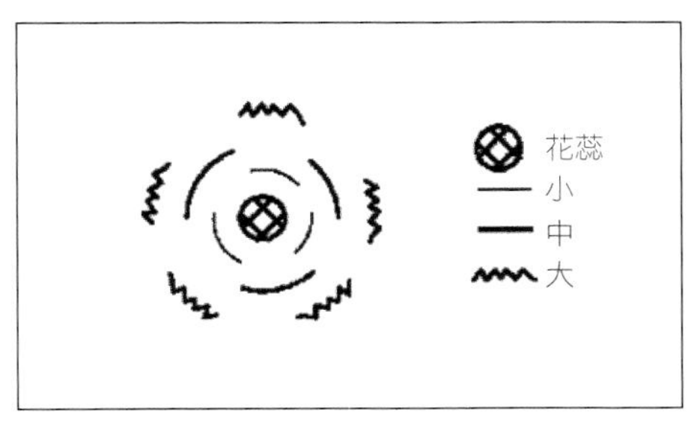

3. 將一支葉子捲繞寬1cm莖布1cm至2cm，再組合另外兩片。
組合花與葉，鐵絲捲上紙捲4cm至5cm，剪掉多餘部分，將剩餘布料剪出1cm寬的莖布纏繞於莖上，最後加上別針。

34 絢麗巴洛克

（作品欣賞P.59，紙型P.168）

材料

棉布12×16cm
雪紡紗飾帶24cm
15mm保麗龍球×1個
鴨嘴別針圓台×1個
鐵絲#28 1/2×1支

工具

五分圓鏝
捲邊鏝
針
線

HOW TO MAKE

裁布圖（單位：cm）

將棉布依圖示裁剪：

・小花瓣1.5×2.5cm 十片
・中花瓣2×3cm 六片
・大花瓣2×4cm 十二片
・花萼 一片

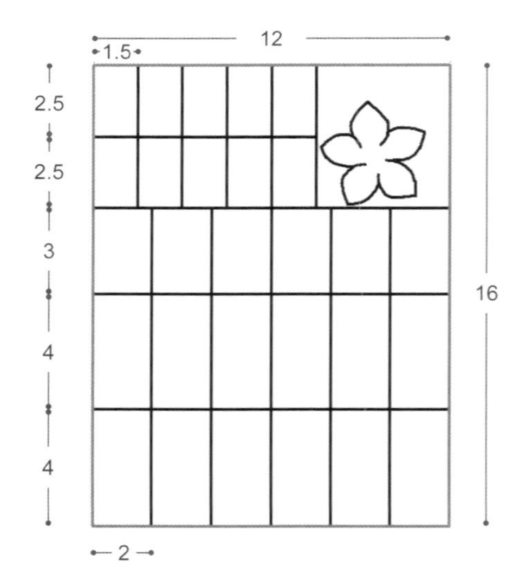

燙製塑型

1. 花瓣依圖示使用五分圓鏝及捲邊鏝燙製。花萼使用五分圓鏝燙製，並於中心剪十字。

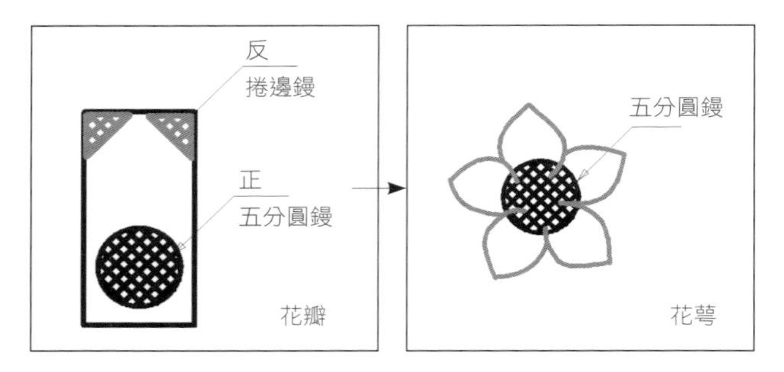

▼花瓣

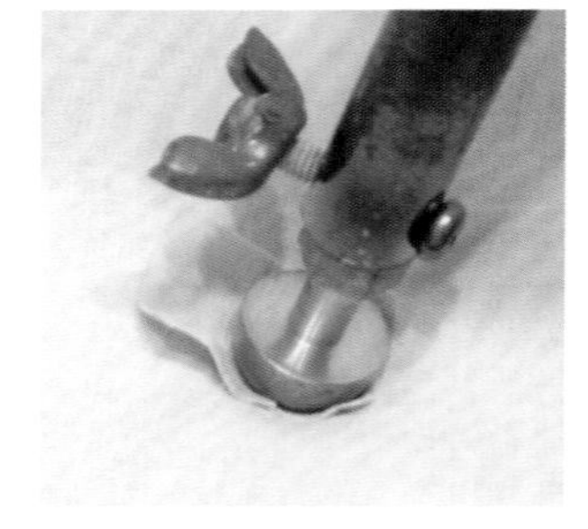

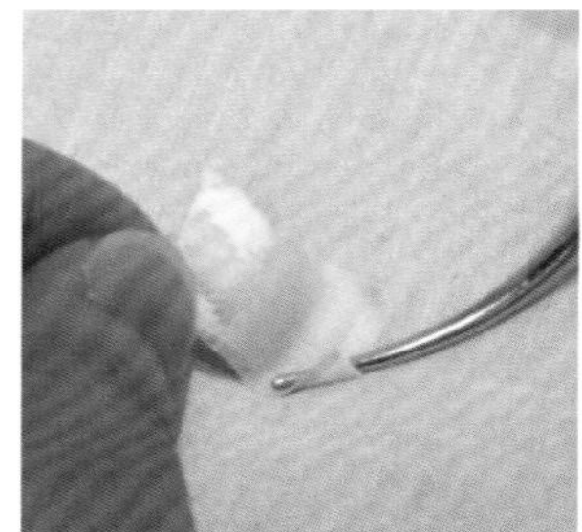

▼花萼

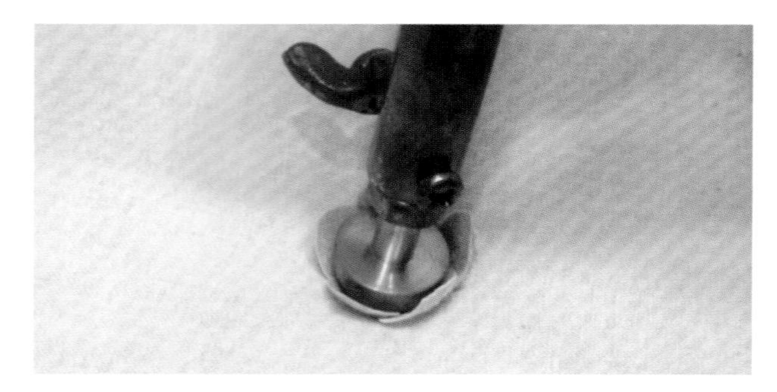

製作花蕊

以鐵絲穿過保麗龍球，摺彎後固定。

製作葉子

雪紡紗飾帶對剪兩條，作葉子造型（如圖），距尾端0.5cm平針縮縫固定。

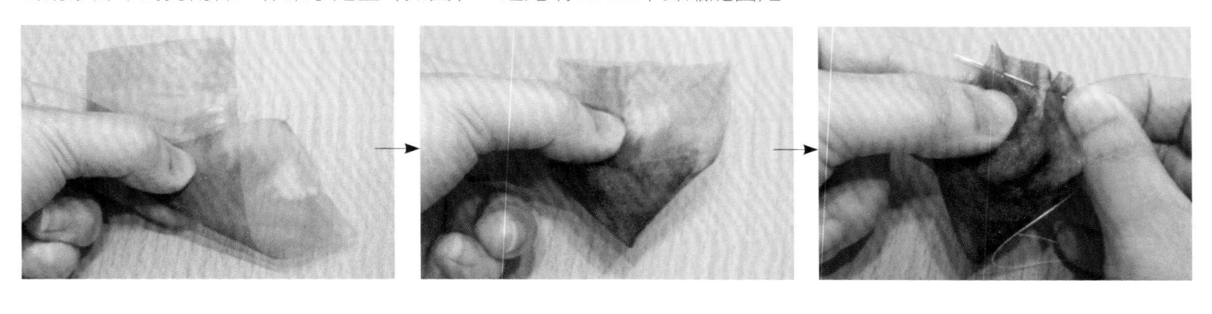

組合布花

依序貼上花瓣（如圖），再貼上花萼，最後剪掉多餘鐵絲。花與葉以熱熔膠黏貼於鴨嘴別針圓台即完成。

35 波西米亞風情

（作品欣賞P.60，紙型P.169）

材料

雪紡紗26×40cm

棉布20×26cm

8mm油珠×2顆

飾帶20cm

鴨嘴別針圓台×1個

鐵絲#26 1/4×2支

工具

二莖鏝

裁布圖（單位：cm）

1. 將雪紡紗對裁成26×20cm兩片，於棉布上刷膠，兩面貼上雪紡紗，待乾先裁出1.5×20cm，其餘剪大、中、小花瓣各十片，三瓣花四片，葉子兩片，花萼一片。

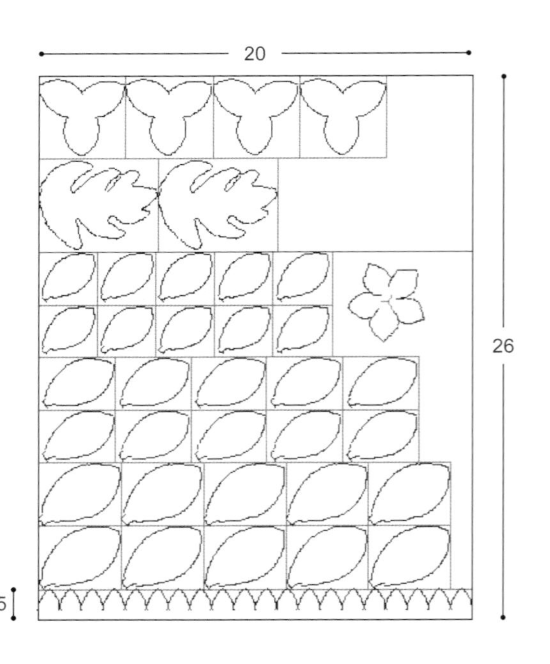

2. 將1.5×20cm布片剪寬1cm深1cm鬚邊，再修成如圖形狀。

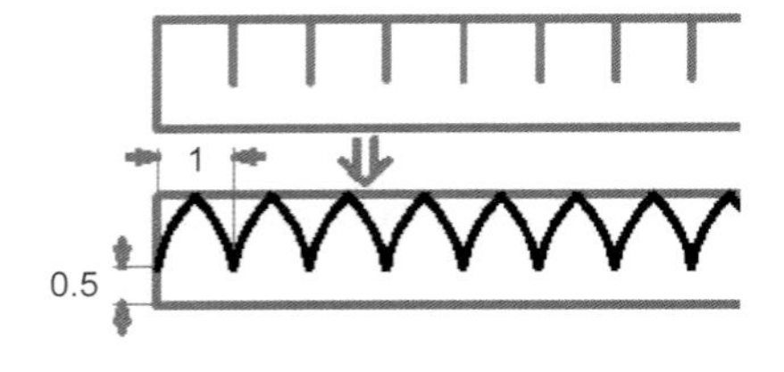

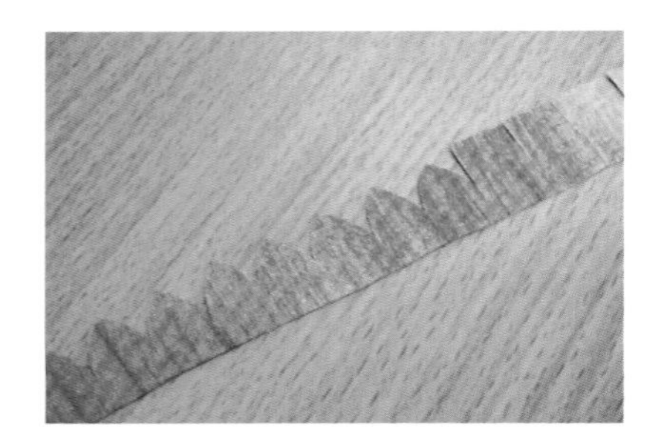

燙製塑型

所有花瓣及葉子分別以二莖鏝依圖示燙製。

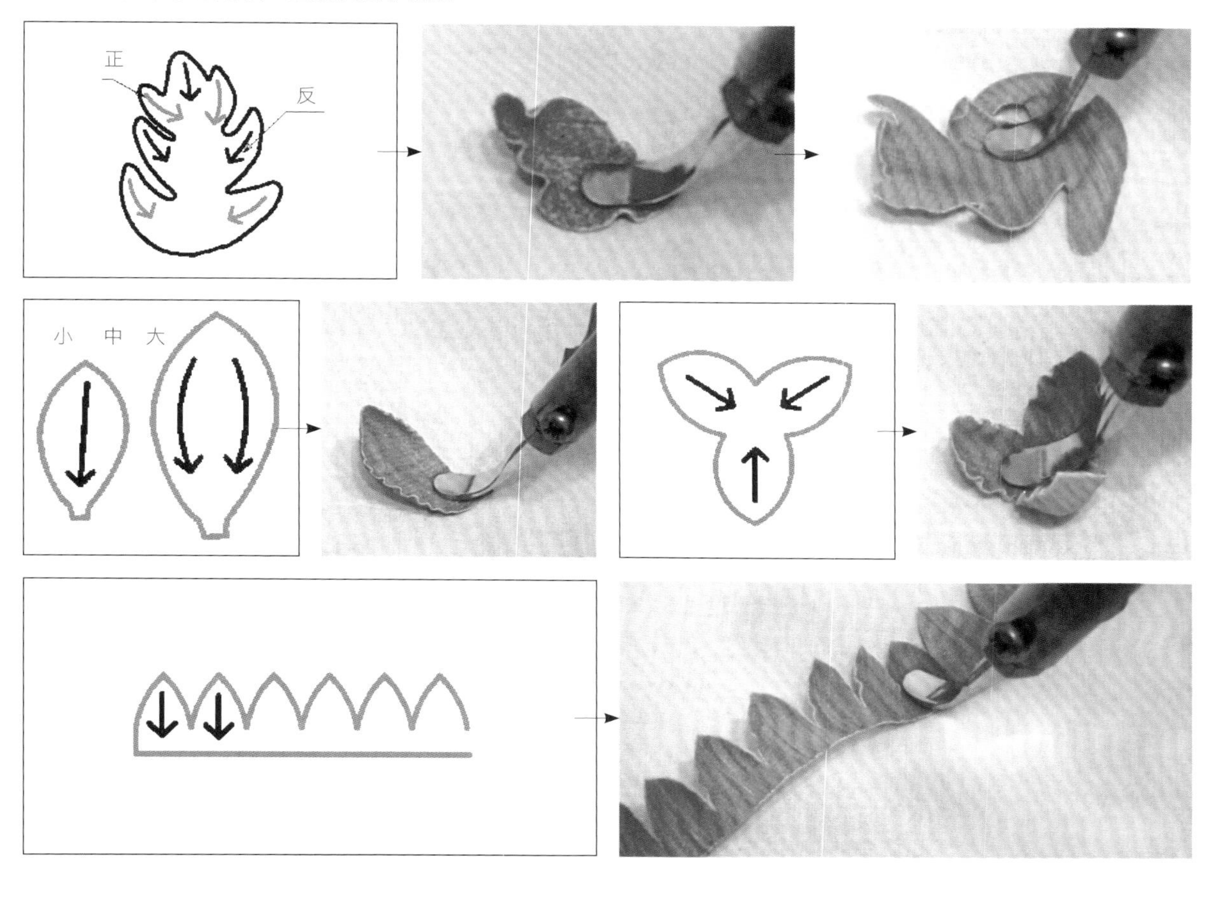

組合布花

1. 使用2支鐵絲固定，並於底部上膠，捲起。

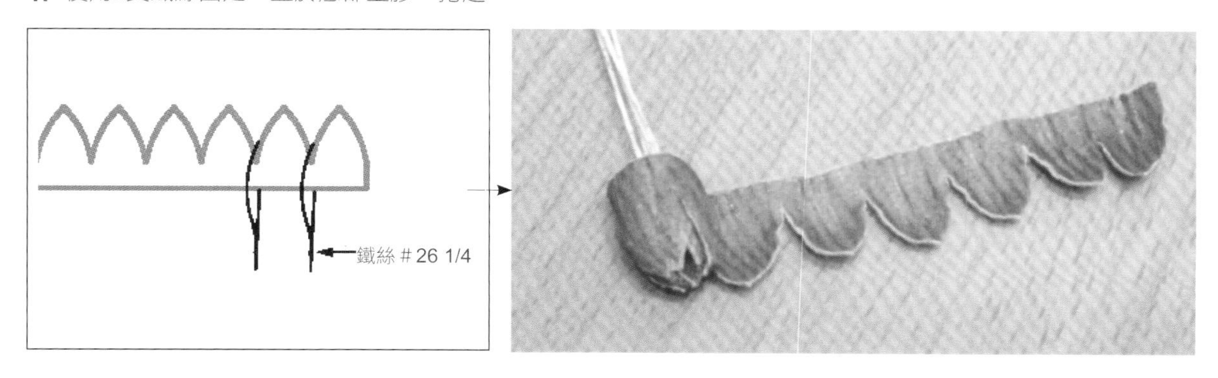

2. 以五片花瓣為一圈依序黏貼外圍，加上花萼，最後將鐵絲剪掉。

3. 飾帶兩端綁上8mm油珠，花瓣A中央剪Y字形，再在飾帶兩端各黏貼兩片三瓣花瓣片。

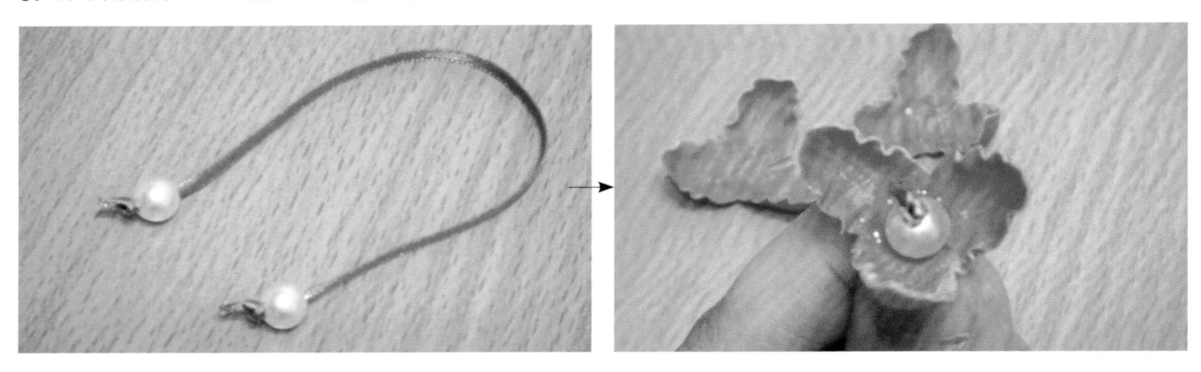

4. 先將兩片葉子黏貼於鴨嘴別針圓台上，再將20cm飾帶以不等長方式黏上，最後黏貼花朵即完成。

36 中國娃娃

（作品欣賞P.63，紙型P.169）

材料

紗14.5×30cm
素色棉布30×30cm
大五彩花蕊×30支
鴨嘴別針圓台×1個
鐵絲#26 1/2×1支

工具

勿忘草鏝

裁布圖（單位：cm）

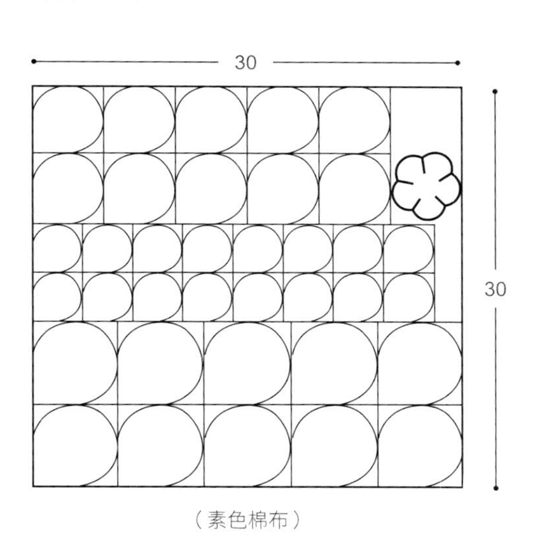

（素色棉布）

將紗 14.5×30cm 單剪小花瓣八片、中花瓣五片、大花瓣五片（如左圖）。素色棉布 30×30cm 單剪小花瓣十六片、中花瓣十片、大花瓣十片、花萼一片。

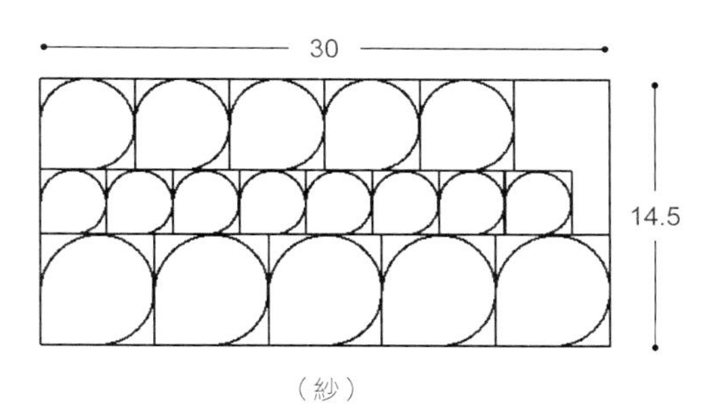

（紗）

HOW TO MAKE

製作花瓣

1. 三種尺寸分別組合，每組為紗一片、素色棉布兩片，對齊後底部上膠貼合，共作小花瓣八組、中花瓣五組、大花瓣五組。

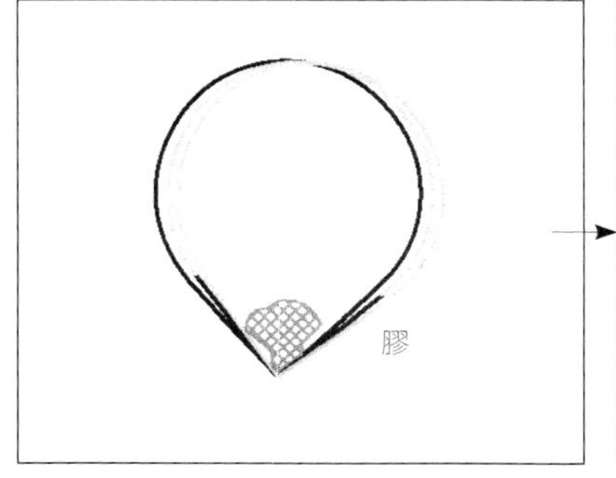

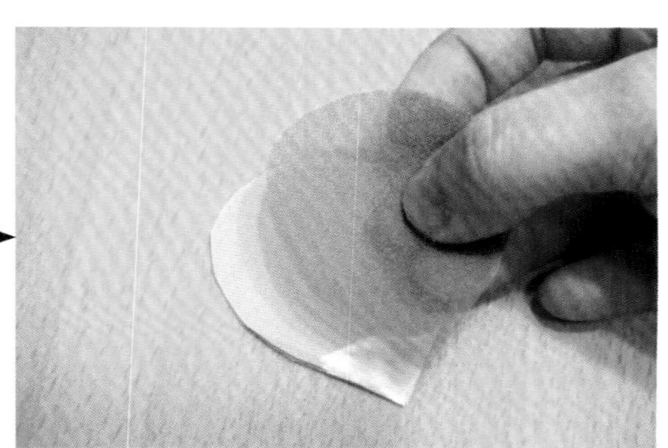

2. 依圖示燙製勿忘草鏝。

・小花瓣四組燙紗面，另四組燙素色棉布面。

・中與大花瓣底部燙紗面，上緣燙素色棉布面。

・花萼燙完後，中心剪十字。

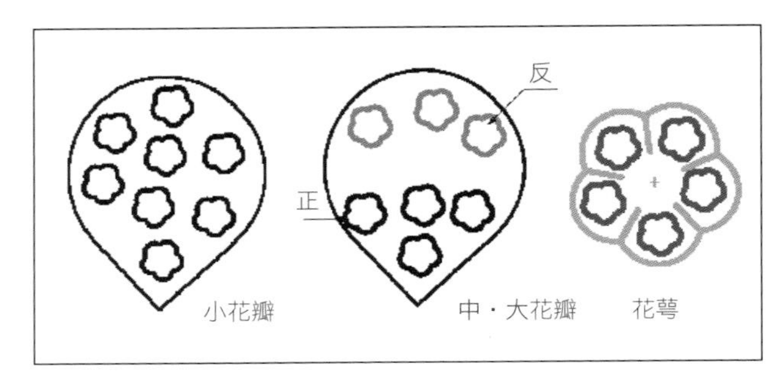

▼小花瓣

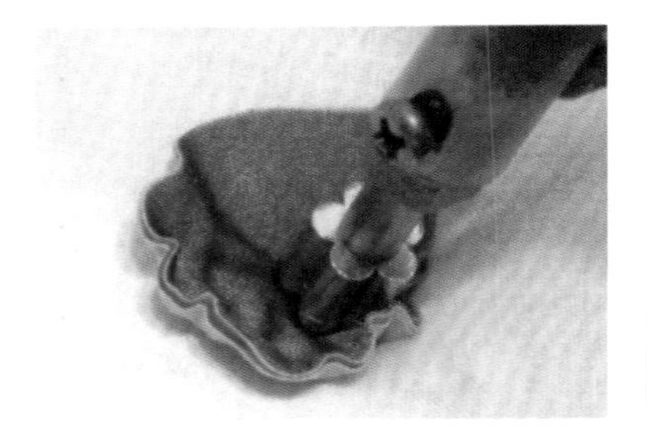

▼中・大花瓣

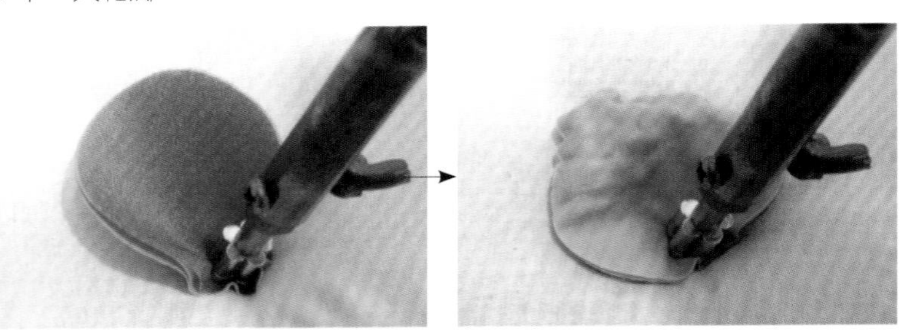

製作花蕊

如圖示以鐵絲將兩種花蕊綁成一束（作法同花蕊製作（一）P.76）。

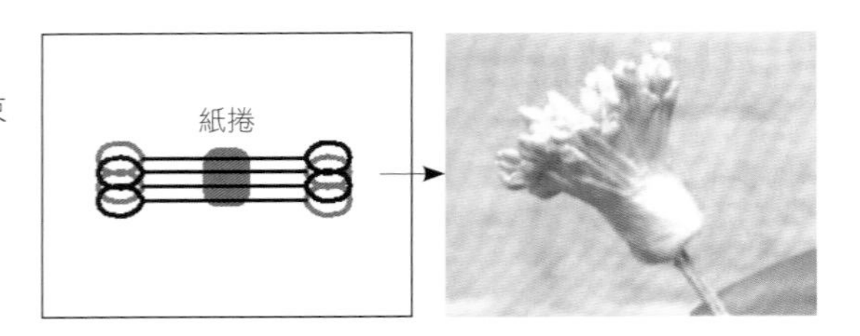

組合布花

如圖示，花瓣底部上膠黏貼於花蕊外圍，最後將花萼黏貼底部，剪掉多餘鐵絲，以熱熔膠黏貼鴨嘴別針圓台與花即完成。

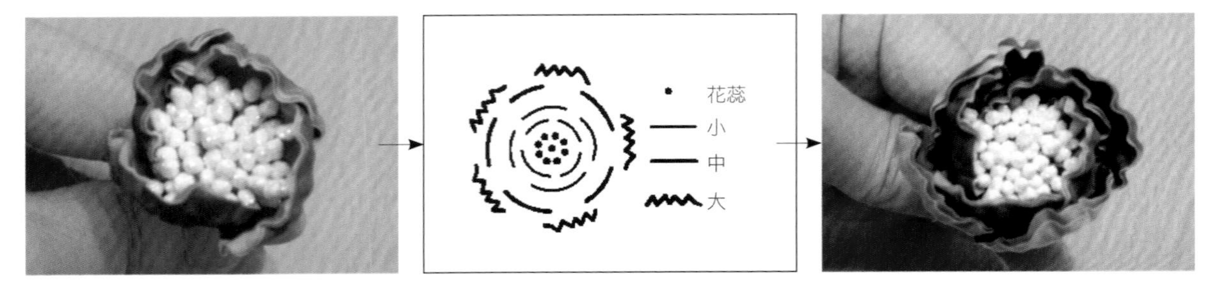

37 冬 戀

（作品欣賞P.64，紙型P.170）

材料

棉33×33cm

玫瑰花蕊×1束

10mm水晶珍珠×3顆

別針×1支

鐵絲#28 1/2×8支

工具

紗布

HOW TO MAKE

裁布圖（單位：cm）

將棉布33×33cm單剪大、中、小花瓣各十片及花萼一片備用。

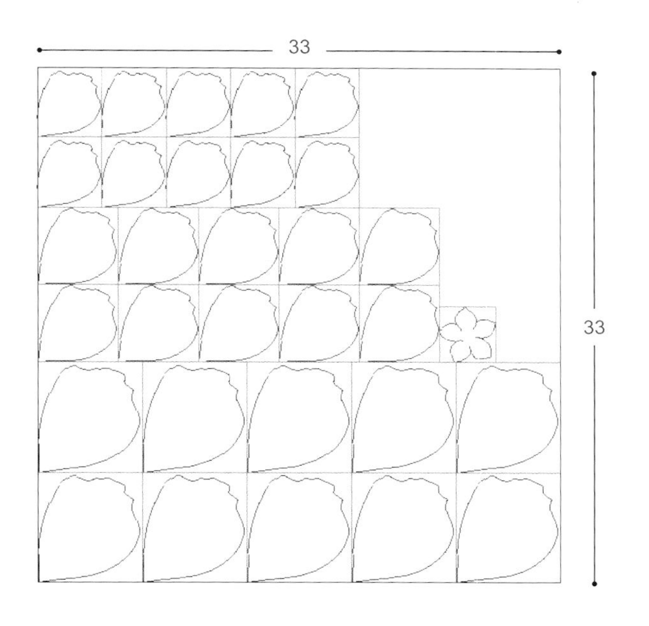

製作花蕊

1. 取兩支玫瑰花蕊剪對半，半支花蕊由上往下穿過水晶珍珠，一支鐵絲由下往上穿，再使用紙捲纏捲莖布2cm至3cm。共作三支。

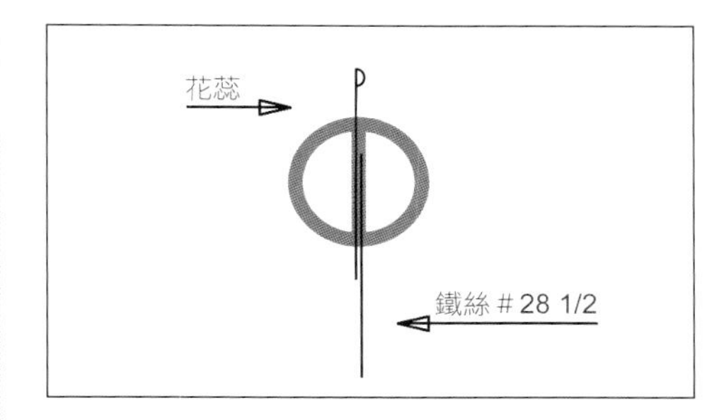

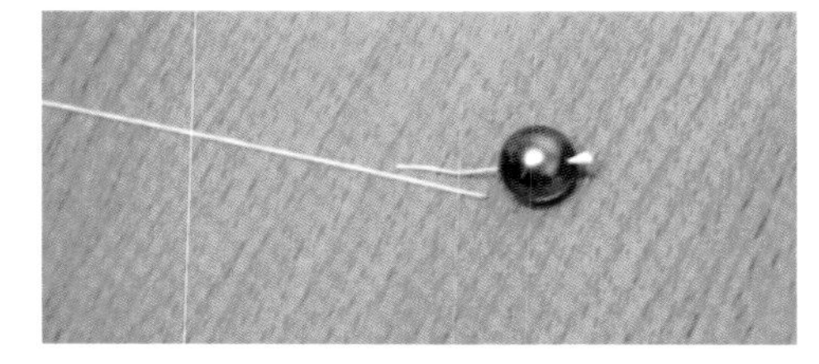

2. 玫瑰花蕊整束以鐵絲綑綁固定，底部均勻上膠，捏勻。

3. 水晶珍珠穿入其內。

製作花瓣

1. 花瓣對摺放在紗布上，擺放在如圖示位置。

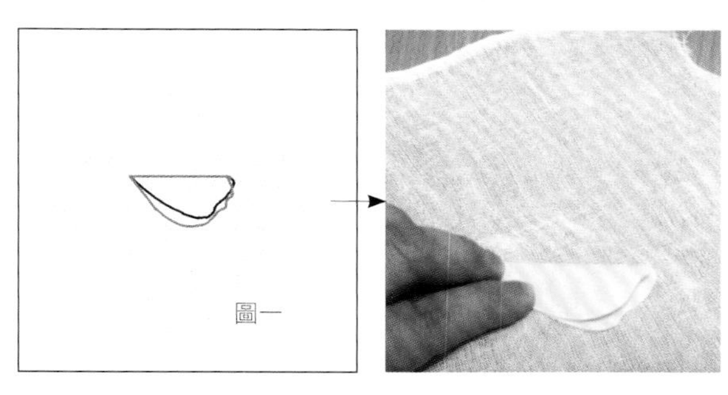

2. 蓋上紗布，以手掌壓住往後拉。

3. 將塑型後的小、中花瓣剪至1/2處，花緣以指尖扭轉塑型。

4. 將鐵絲浮貼於兩片大花瓣中間，共作五組。

組合布花

1. 花瓣底部上膠，五片圍一圈，完成後加上花萼。

2. 先以紙捲包覆5cm至6cm，再以剩餘布料剪1cm寬當莖布，最後加上別針即完成。

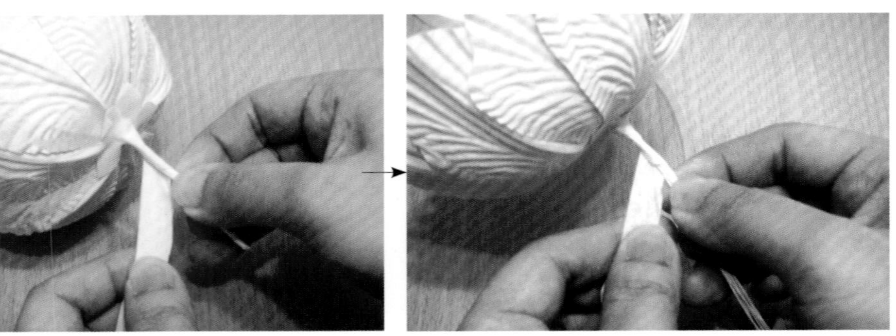

38 酢漿草

（作品欣賞P.66，紙型P.170）

材料

亮緞布16×20cm
6mm爪鑽×1顆
4mm爪鑽×1顆
6×4mm水滴珍珠×3顆
別針×1支
鐵絲#26 1/5×15支
裸鐵絲20cm

工具

刀鏝、小瓣鏝、斜莖鏝

裁布圖（單位：cm）

將布裁成 10×12cm（作斜莖用）、6×12cm 及 4×16cm，其餘為莖布備用。

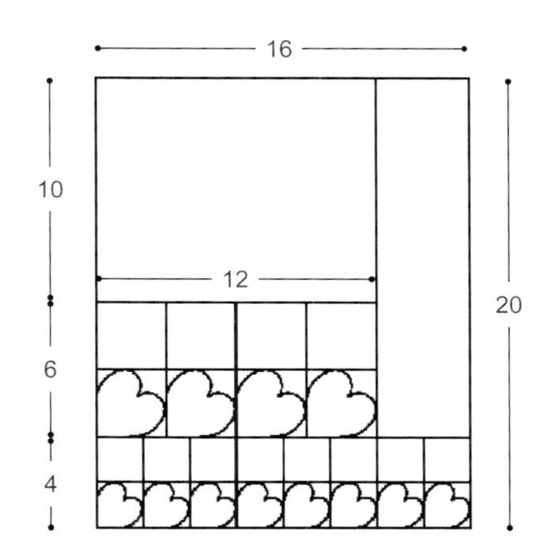

HOW TO MAKE

製作花瓣

1. 6×12cm剪成3×12cm兩條，一條摺四等分後貼上鐵絲，再將另一條全面上膠與其對貼。黏膠乾燥後，剪成四份，再修剪出大花瓣狀。

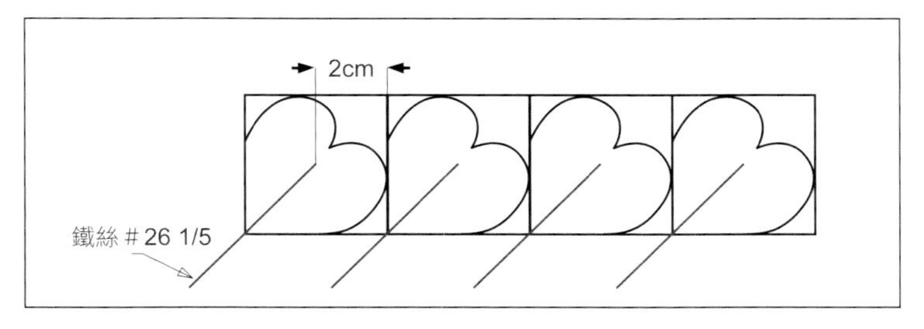

2. 4×16cm剪成2×16cm兩條，一條摺八等分後貼上鐵絲，再將另一條全面上膠與其對貼。黏膠乾燥後，剪成八份，再修剪出小花瓣狀。

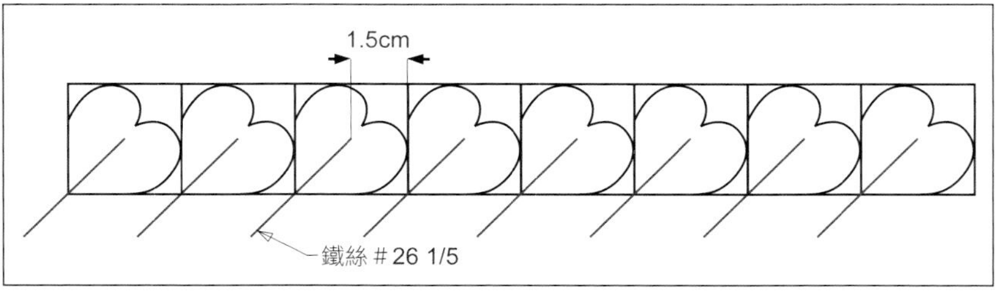

3. 如圖示燙製花瓣，正面先使用刀鏝，反面使用小瓣鏝。

製作花蕊

以裸鐵絲10cm固定爪鑽，共作兩支，再以鐵絲固定水滴珍珠，共作三支。

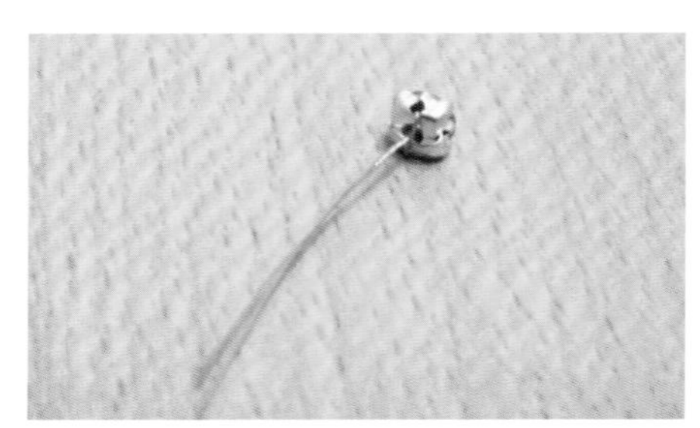

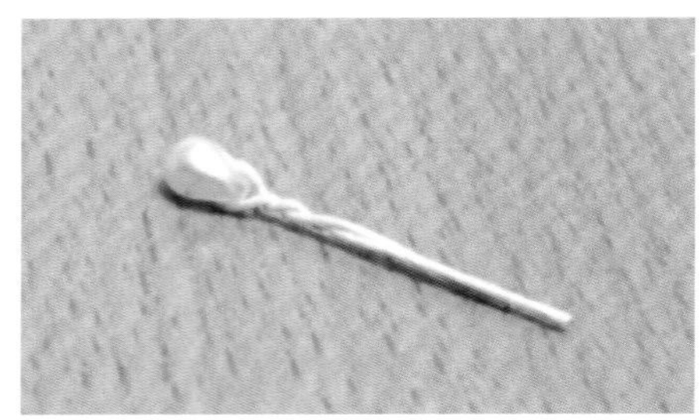

製作斜莖小花瓣

1. 製作斜莖：在10×12cm布片上取中段最長部分，每條寬1.2cm，共剪三條，布端以針線穿過（盡量使用長針）斜莖鏝大孔，於另一端抽出（速度不可太快），完成後將兩端修齊。

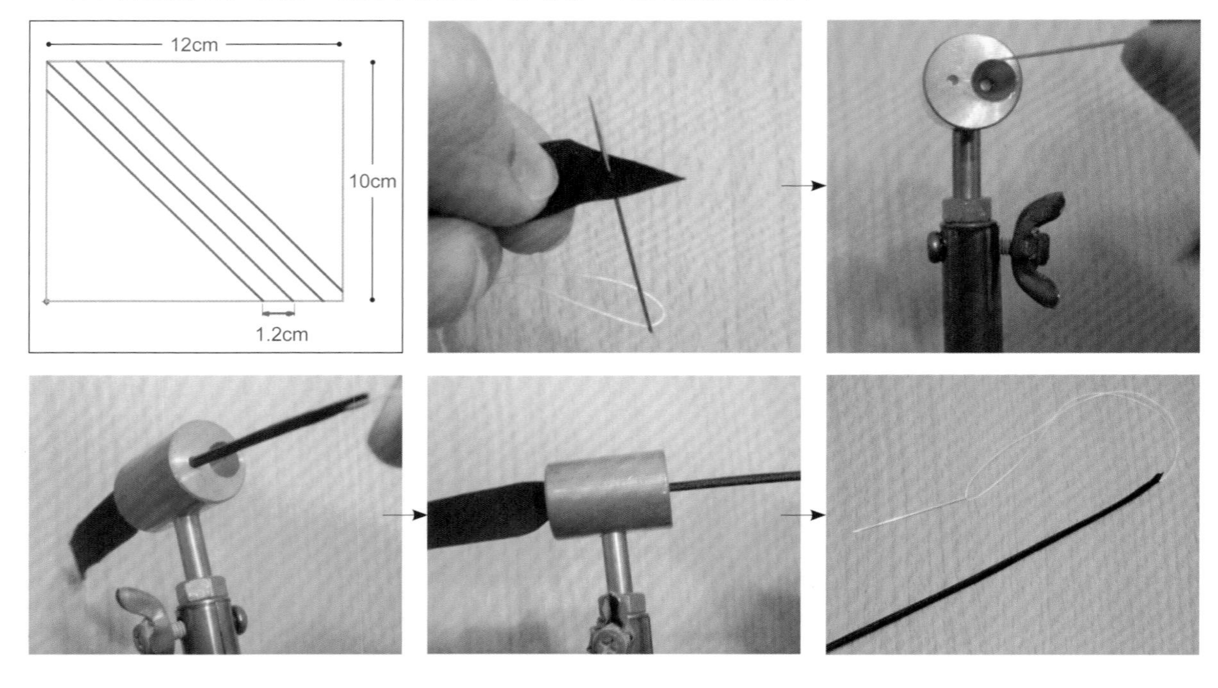

2. 作好的斜莖一端套入6×4mm水滴珍珠，另一端套入小花瓣，共作三支。另取兩片小花瓣，以剩餘布料剪下0.5cm寬莖布，分別捲3cm至4cm。

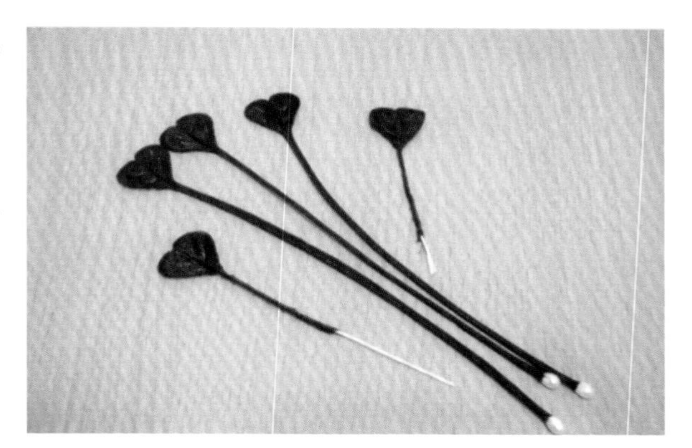

組合布花

1. 分別組合大花瓣與小花瓣，再以剩餘布料剪下1cm寬莖布，捲4cm至5cm。

▼大花

▼小花

2. 組合花束，最後加上別針即完成。

39 雪舞

（作品欣賞P.67，紙型P.171）

材料
棉麻布18×22cm
節紗布6×15cm
珍珠花蕊×5支
鴨嘴別針圓台×1個
鐵絲#26 1/2×1支

工具
五分圓鏝
大瓣鏝
針
線

HOW TO MAKE

裁布圖（單位：cm）

棉麻布先裁出2×22cm，剩下的16×22cm依紙型裁出塊狀花瓣用布後，再剪出大、小花瓣紙型備用。6×15cm節紗布對剪，依紙型剪出波浪形狀備用。

（棉麻布）

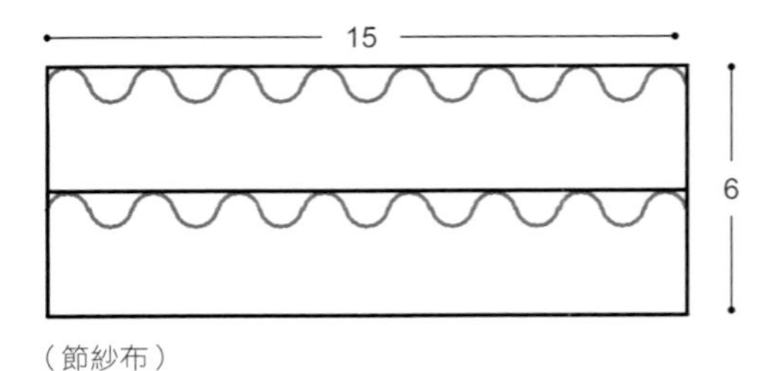

（節紗布）

花瓣抽鬚

1. 先依花瓣分區剪出牙口，再重疊紙型＆花瓣布，以手或夾子固定位置後，依花瓣輪廓仔細抽鬚。

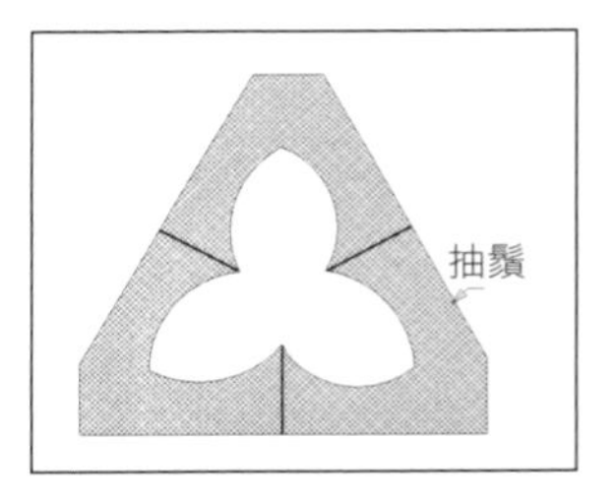

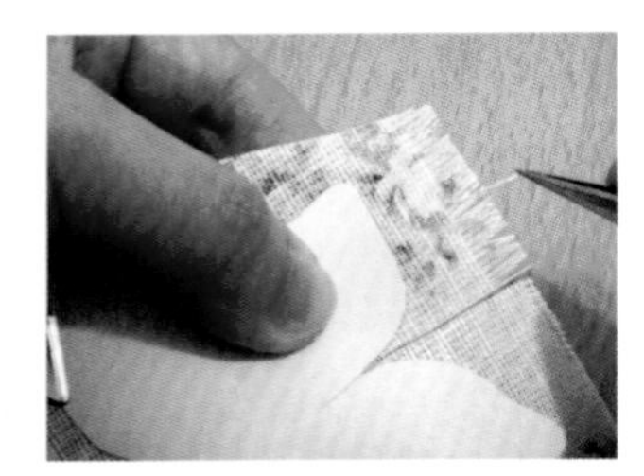

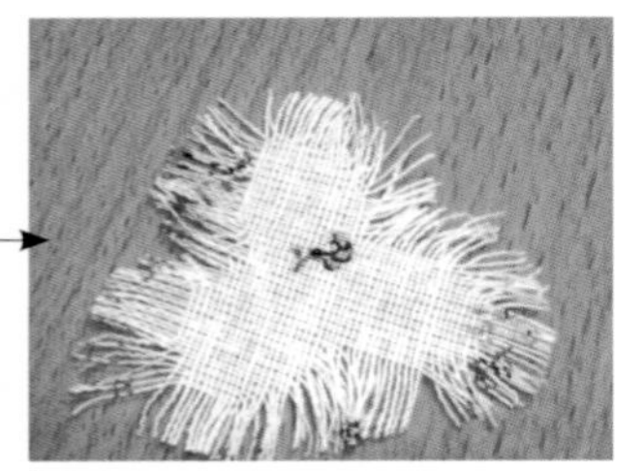

製作花蕊

1. 五支珍珠花蕊對剪作十支，以鐵絲綁住固定。

2. 以棉麻布剩餘布料剪下1×3cm、1.5×3cm布片，分別如圖示抽鬚至距離布邊0.2cm處。

抽鬚

0.2cm

3. 以紙捲包覆後，將1×3cm和1.5×3cm黏在外圍。

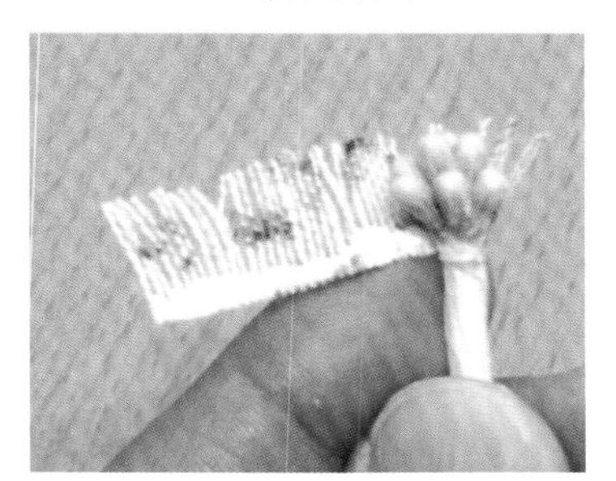

燙製塑型

1. 小花瓣以五分圓鏝，大花瓣以大瓣鏝依圖示燙製，中心剪十字。

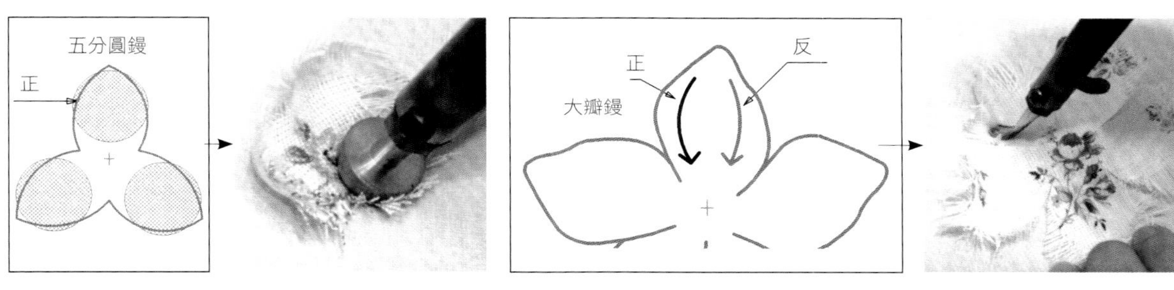

2. 節紗布燙製完成後，以平針縮縫。

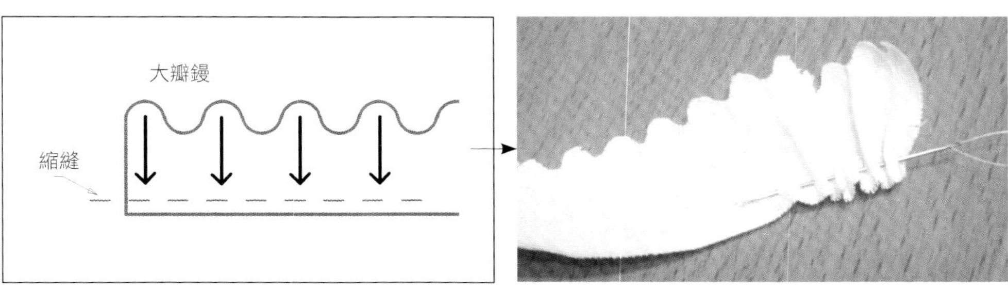

組合布花

如圖依序黏貼組合，最後黏貼於鴨嘴別針圓台上。

40 維多利亞花帽

（作品欣賞P.69，本款無原寸紙型）

材料

棉布6×22cm
6cm寬蕾絲織帶×62cm
5cm寬蕾絲飾帶×40cm
3mm油珠×1顆
五彩花蕊×7支
0.6cm寬飾帶×42cm
4cm保麗龍球×1/2顆
鴨嘴別針圓台×1
鐵絲#28 1/5×10支

工具

鈴蘭鏝、針、線

裁布圖（單位：cm）

蕾絲織帶剪下 22cm 與 6×22cm 棉布對貼後，剪下 16cm 如圖示裁剪花瓣＆葉子，
剩餘的 6cm 作為蕾絲帽用布備用。再將每兩片葉子中間架上鐵絲對貼。

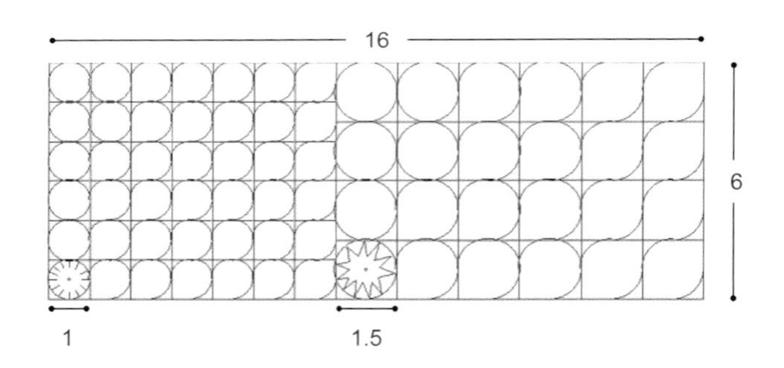

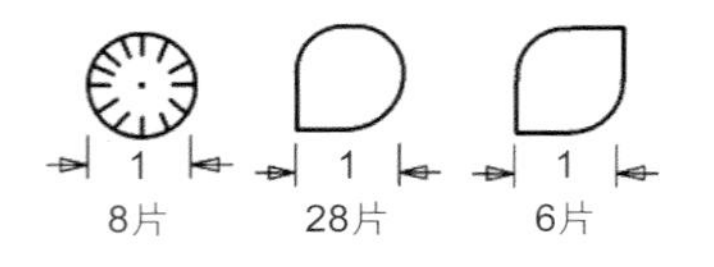

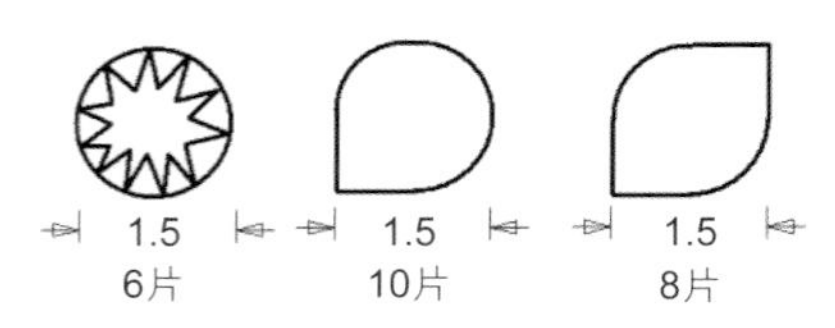

HOW TO MAKE

製作布花

1. 使用鈴蘭鏝如圖示燙製。

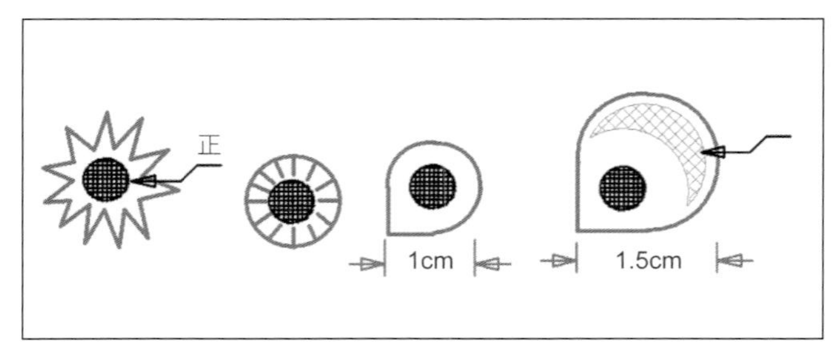

2. 製作小花：將五彩花蕊對剪後，一片小花瓣穿過半支五彩花蕊，共作出14朵小花。

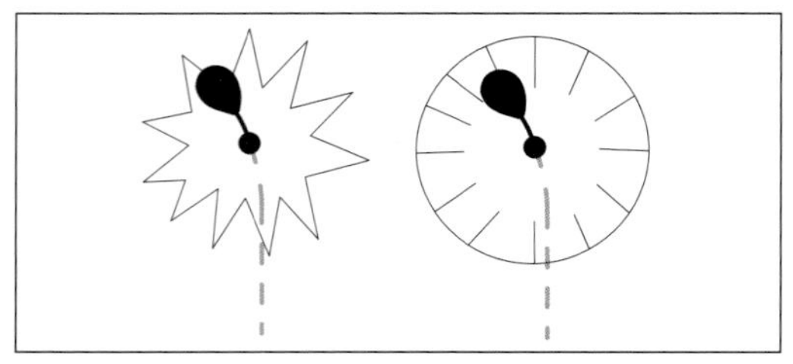

3. 製作玫瑰花：如圖所示，先將鐵絲一端捲數個小圈圈，作成蕊心支架，再在其外圍黏合花瓣，組合成小花苞及花朵。

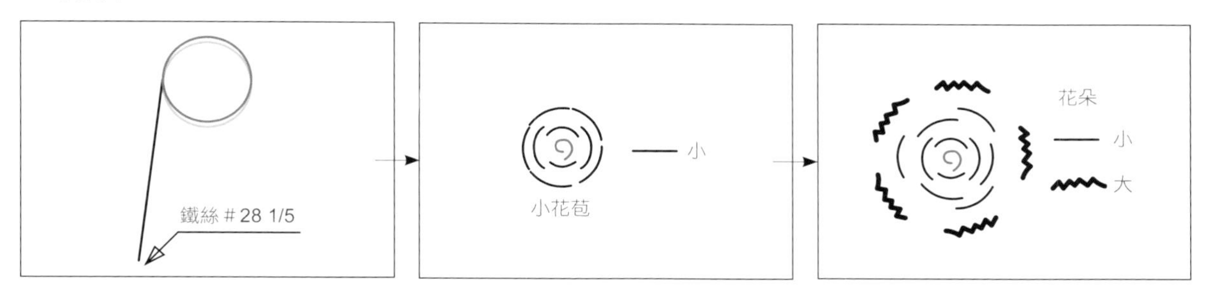

製作蕾絲帽

1. 將備用的6×6cm布片貼於1/2顆保麗龍球上，修齊。

2. 0.6cm寬飾帶剪出14cm黏貼其外。

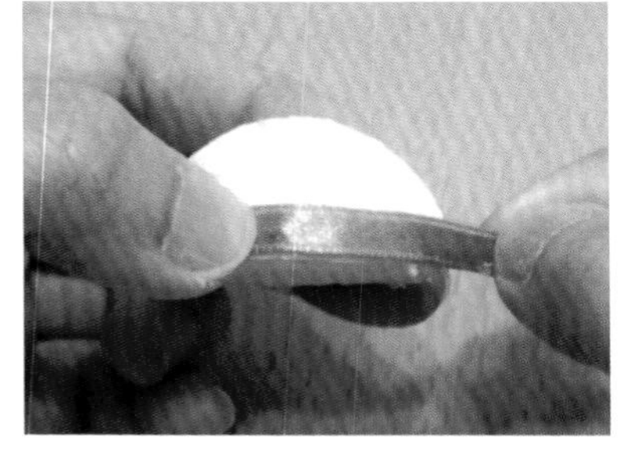

3. 以剩餘飾帶製作蝴蝶結（製作方式同蝴蝶結飾帶製作P.77 ）。

4. 對齊5cm寬蕾絲飾帶40cm與6cm寬蕾絲織帶40cm，以縮縫方式縫製圍成一圈。

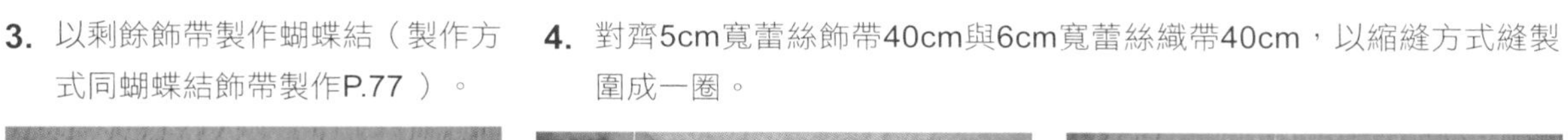

5. 將包覆好的保麗龍球黏貼其上。

組合

依照個人喜好將作好的花朵黏貼於帽緣＆加上蝴蝶結，最後在底部黏貼鴨嘴別針圓台。

Let's try

Handmade Flowers from Fabric

作品版型

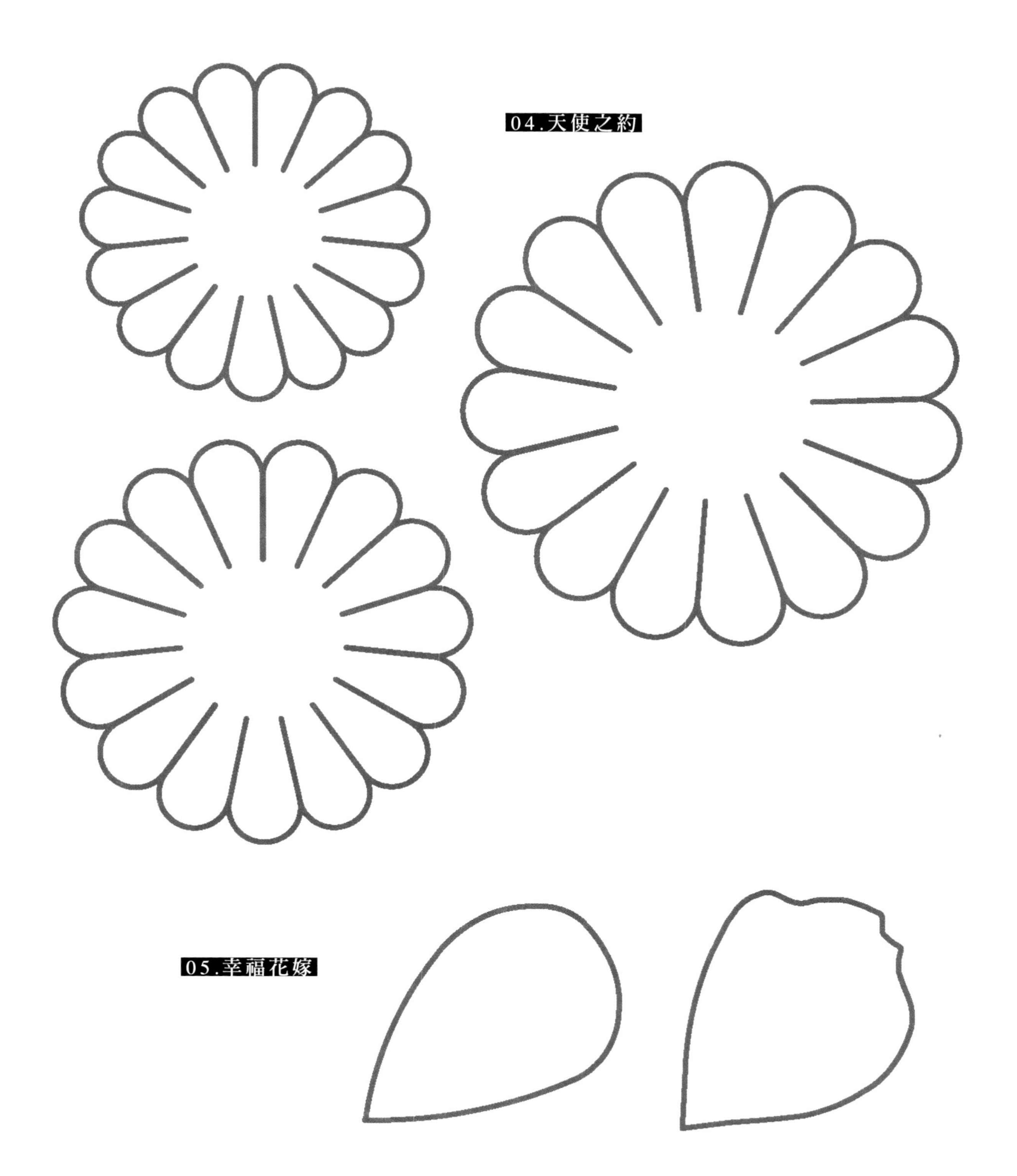
04.天使之約
05.幸福花嫁

06.繁 星
08.狂舞探戈
09.和風物語

07.古典蕾絲
10.優雅仕女

11.日式風花束
14.臻愛密碼
12.夏日狂想曲

13.祕密花園

15.小花飾鍊

17.青春學園

18.律動音符

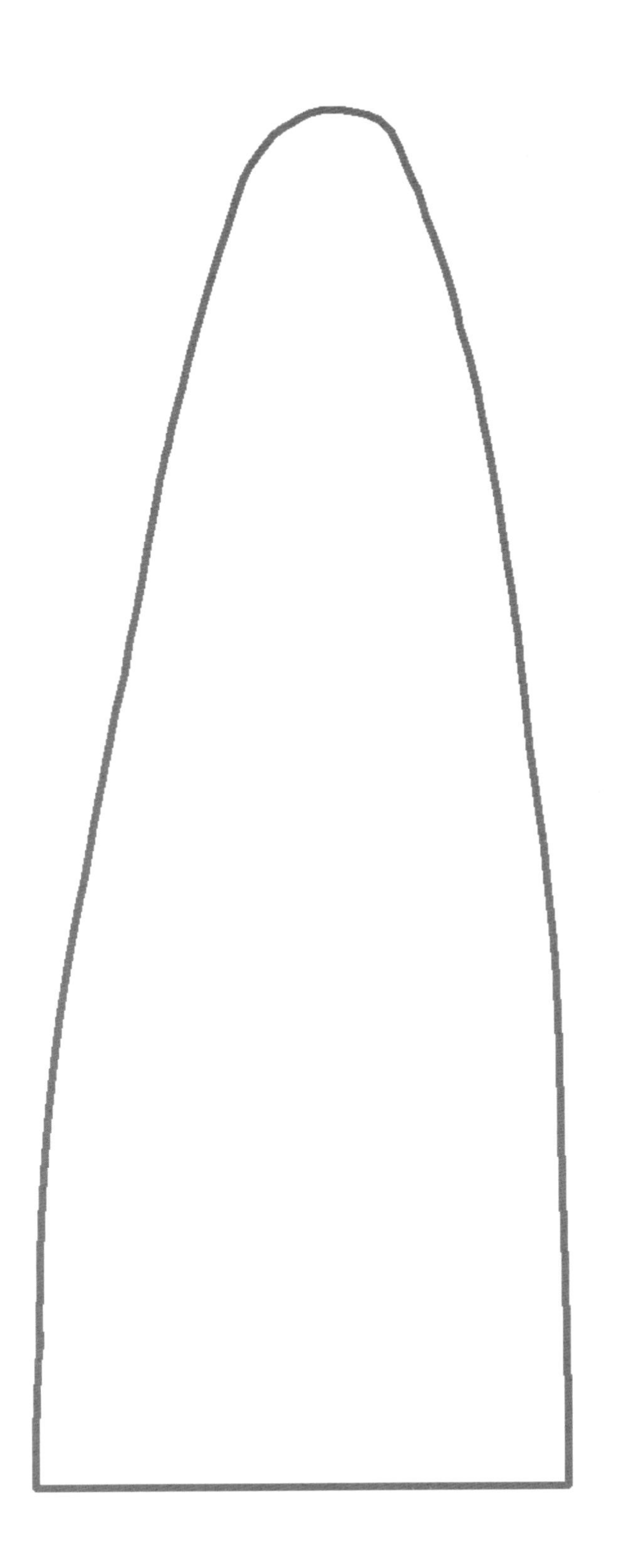

20.復古年代

21.提拉米蘇
22.吉祥如意
23.芭蕾舞伶

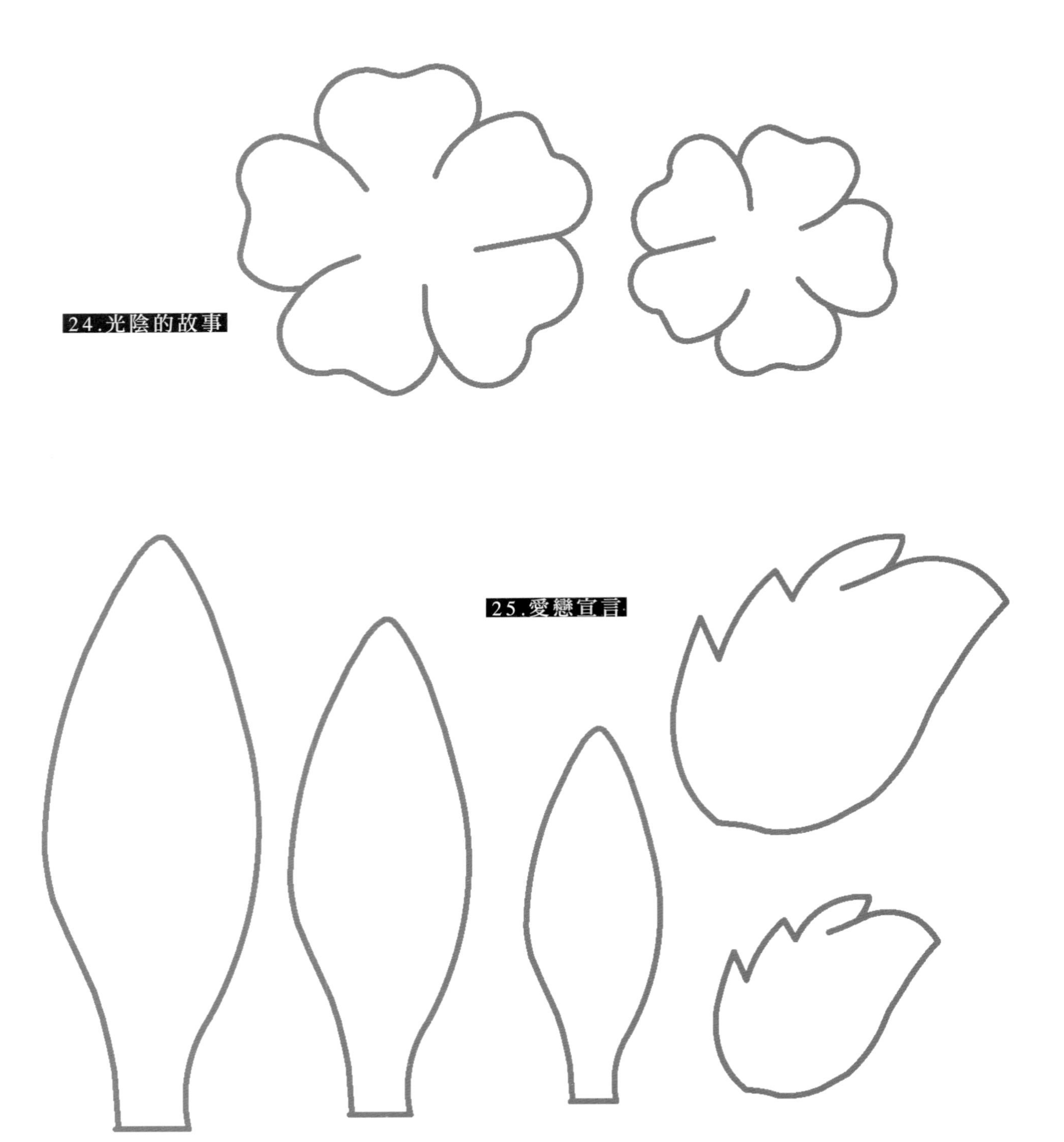
24.光陰的故事
25.愛戀宣言

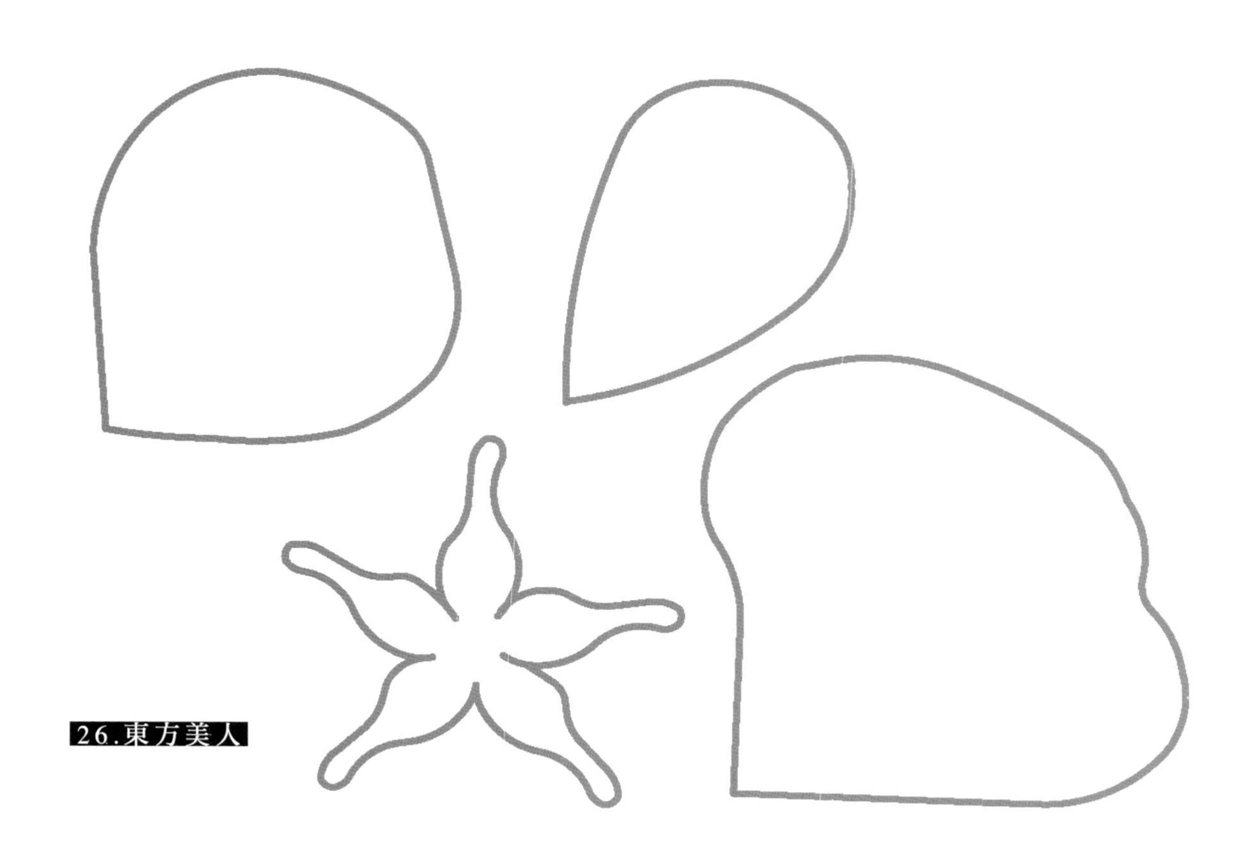
26.東方美人

27.繽紛薔薇

28.蝶戀
29.清純少女

30.夢幻圓舞曲
31.愛情信物
32.茶花女

33.秋意詩篇

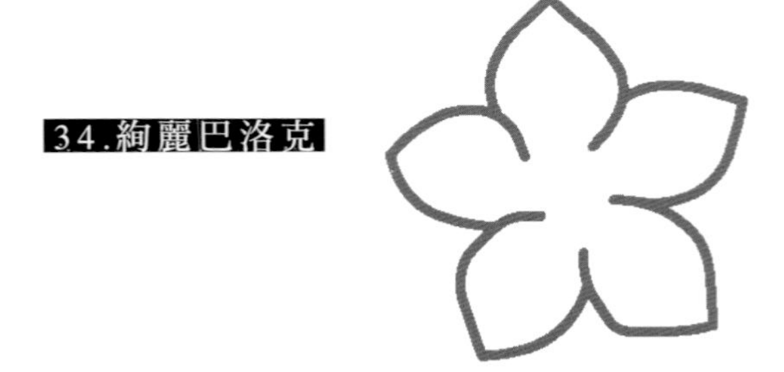
34.絢麗巴洛克

35.波西米亞風情
36.中國娃娃

37.冬戀
38.酢漿草

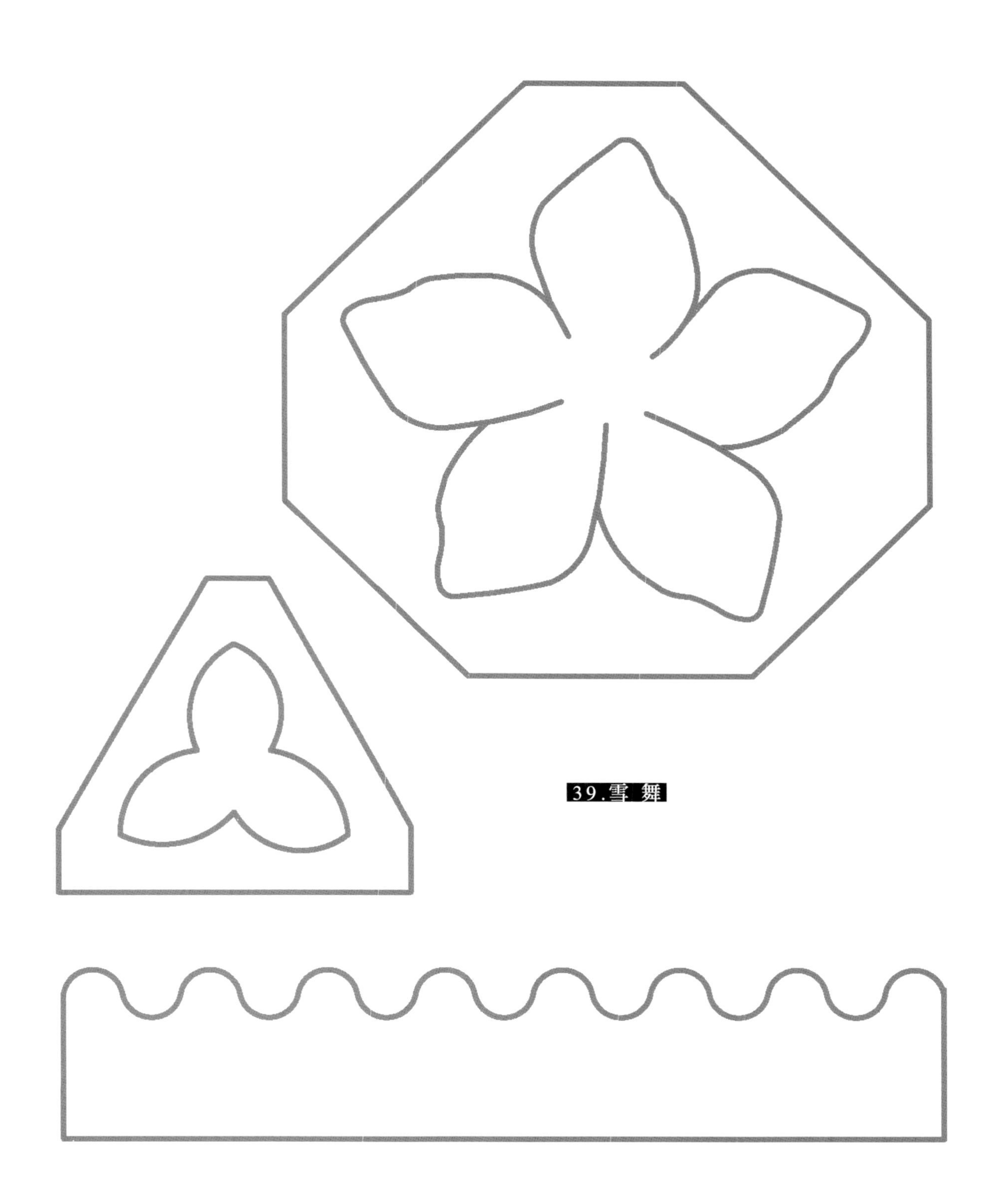
39.雪 舞

國家圖書館出版品預行編目資料

我的第一朵手作布花（暢銷新修版）/ 呂宥臻著.
-- 四版. -- 新北市：雅書堂文化, 2018.11
面；　公分. -- (Fun手作；50)
ISBN 978-986-302-461-3(平裝)
1.花飾 2.手工藝
426.77　　107017958

【FUN手作】50
我的第一朵手作布花：
全圖解・一起來作40款76朵
讓你眼睛為之一亮的布花（暢銷新修版）

作　　者／呂宥臻
發 行 人／詹慶和
總 編 輯／蔡麗玲
執行編輯／陳姿伶
編　　輯／蔡毓玲・劉蕙寧・黃璟安・李宛真・陳昕儀
執行美編／韓欣恬
美術編輯／陳麗娜・周盈汝
攝　　影／數位美學・賴光煜
出 版 者／雅書堂文化事業有限公司
發 行 者／雅書堂文化事業有限公司
郵政劃撥帳號／18225950
郵政劃撥戶名／雅書堂文化事業有限公司
地　　址／220新北市板橋區板新路206號3樓
電　　話／(02)8952-4078
傳　　真／(02)8952-4084
網　　址／www.elegantbooks.com.tw
電子郵件／elegant.books@msa.hinet.net

2018年11月四版一刷　定價380元

經銷／易可數位行銷股份有限公司
地址／新北市新店區寶橋路235 巷6 弄3 號5 樓
電話／(02)8911-0825
傳真／(02)8911-0801